Technische Erläuterungen

zu dem

Entwurfe eines Gesetzes, betreffend den Verkehr mit Butter, Käse, Schmalz und deren Ersatzmitteln.

Berichterstatter:

Dr. Karl Windisch,

Ständiger Hülfsarbeiter im Kaiserlichen Gesundheitsamte,
Privatdozent an der Universität Berlin.

(Sonderabdruck aus den „Arbeiten aus dem Kaiserlichen Gesundheitsamte" Band XII.)

Springer-Verlag Berlin Heidelberg GmbH 1896

ISBN 978-3-662-31845-4   ISBN 978-3-662-32672-5 (eBook)
DOI 10.1007/978-3-662-32672-5

Inhalt.

I. Ueber Margarine.

A. Die Darstellung der Margarine.

Die Darstellung der Margarine hat seit der Mitte der achtziger Jahre in einer Reihe von Fabriken erhebliche Veränderungen erfahren, so daß es wünschenswerth erscheint, das jetzt in der Mehrzahl der Fabriken übliche Herstellungsverfahren näher zu schildern.

1. Die Rohmaterialien zur Darstellung der Margarine.

a) Die Fette und Oele.

α) Das Oleomargarin (Margarin, Oleoöl, Margarinöl). Das Oleomargarin, der wichtigste Rohstoff zur Herstellung der Margarine, wird durch Auspressen von Rindertalg bei einer bestimmten Temperatur gewonnen. Zur Herstellung des für die Margarinefabrikation geeigneten Rindertalges, des sogenannten „premier jus", wird Rinderfett (Netz= und Ge= krösefett, auch Nierenfett) möglichst schnell nach dem Schlachten der Thiere gewaschen, von blutigen Theilen befreit und in einer Maschine (z. B. einer Fleischhackmaschine) vollständig zerkleinert. Die zerkleinerte Masse wird in einen Bottich gebracht und mit Hülfe von Dampf bei möglichst niedriger Temperatur ausgeschmolzen. In einem Theil der Fabriken haben die Bottiche doppelte Wandungen; der Zwischenraum zwischen den beiden Wänden ist mit Wasser gefüllt, das durch Einleiten von Dampf erwärmt wird. Das zwischen den Wandungen be= findliche warme Wasser bringt den Talg zum Schmelzen. In anderen Fabriken beschickt man die einfachen hölzernen Bottiche mit Wasser und Rinderfett und leitet in das Wasser Dampf ein. Zur Erzielung eines guten Produktes soll die Temperatur nicht höher als 50° C. steigen; in Amerika wurde nach Armsby (Science Bd. 7, S. 471) früher die Temperatur auf 55 bis 80° C. erhöht.

Nach zweistündigem Erwärmen auf diese Temperatur und häufigem Umrühren ist der Talg ausgeschmolzen; die Häute u. s. w. haben sich zu Boden gesenkt. Man läßt nunmehr das über dem Bodensatze schwimmende Fett in einen anderen Bottich ab, in dem das Fett, das noch nicht ganz klar (blank), sondern schwach trübe und von kleinen Hautresten u. s. w. durchsetzt ist, geklärt wird. Dies geschieht dadurch, daß man das Fett bei etwa 45° C. mit

---

[1]) Den Wortlaut des Entwurfes siehe im Anhang.

Wasser und Kochsalz oder auch unmittelbar mit einer wässerigen Kochsalzlösung tüchtig durch=
mischt. Die Kochsalzlösung setzt sich beim Ruhen der Mischung am Boden ab und reißt die
trüben Verunreinigungen mit zu Boden. Nach längerem Stehen wird das nunmehr voll=
kommen klare (blanke) Fett in hölzerne Fässer abgelassen oder übergeschöpft, in denen es beim
langsamen Abkühlen krystallinisch erstarrt.

Das auf diese Weise gewonnene Fett ist der „premier jus“ der Margarinefabrikanten.
Er bildet eine mehr oder weniger gelblich gefärbte, körnig=krystallinische Fettmasse von schwachem,
angenehmem Geruch. Die Farbe des „premier jus“ ist abhängig von der Viehrasse, der Art
der Fütterung, der Lebensweise der Thiere (ob Stallfütterung oder Weidegang) und anderen
Umständen.

Zur Herstellung des Oleomargarins (in der Handelswelt vielfach Margarin genannt)
wird nun der „premier jus“ bei möglichst niedriger Temperatur geschmolzen, in längliche
Kästen aus verzinntem Eisenblech abgelassen und 24 bis 48 Stunden in einem Raume belassen,
der dauernd auf etwa 26 bis 27° C. erwärmt ist. Während dieser Zeit krystallisirt der schwerer
schmelzbare Theil des Rinderfettes, das Stearin und Palmitin, zum Theil aus, während der
leichter schmelzbare Theil flüssig bleibt und eine gewisse Menge Stearin in Lösung hält. In
diesem Zustande stellt der „premier jus“ eine ölige Flüssigkeit dar, die von körnigen Fett=
krystallen durchsetzt ist. Aus dieser halbflüssigen Masse formt man mittelst geeigneter Vor=
richtungen Tafeln von etwa ³/₄ bis 1 cm Dicke, die in Tücher aus starker Leinwand eingehüllt
werden. Jede derartige Tafel wird auf eine Eisenplatte gelegt und mit einer Eisenplatte
bedeckt. Eine größere Anzahl der Fetttafeln wird dann über einander geschichtet und das
Ganze mit Hülfe einer hydraulischen Presse einem starken Drucke unterworfen. Auch die Presse
befindet sich in dem Raume, der dauernd auf 27° C. erwärmt ist, so daß das Fett fort=
während dieser Temperatur ausgesetzt ist. Unter dem Einflusse des starken Druckes wird der
flüssige Theil des „premier jus“ durch die Leinwand gepreßt und fließt in Form eines gelben
Oeles in ein untergestelltes Gefäß. In der Leinwand hinterbleibt eine weiße, harte, fast
geruchlose Fettmasse in Gestalt dünner Platten, die Stearin, Preßtalg oder Preßlinge genannt
wird. Der Preßtalg wurde früher zur Kerzen= oder Seifenfabrikation verwendet; jetzt wird
er größtenteils zur Darstellung der als Ersatzmittel für das Schweineschmalz dienenden Kunst=
speisefette gebraucht.

Das bei dem Pressen abfließende Oel ist das Oleomargarin. Es bildet nach dem Er=
kalten eine mehr oder weniger gelb gefärbte krystallinische Fettmasse von angenehmem Geruch,
die äußerlich dem „premier jus“ ähnlich ist. Sie unterscheidet sich von diesem aber, abgesehen
von der weicheren Beschaffenheit und der leichteren Schmelzbarkeit, sehr deutlich bei der Ge=
schmacksprobe. Wenn man eine kleine Menge des „premier jus“ auf die Zunge bringt und
am Gaumen zerdrückt, so zerfließt nur der leichter schmelzbare Theil, während der schwerer
schmelzbare Theil (Stearin) sich ungelöst an den Gaumen setzt, ähnlich wie dies beim Genusse
von Rindertalg und in noch höherem Maße von Hammeltalg der Fall ist. Das Oleomargarin
dagegen zerfließt im Munde vollständig wie Butter. Bemerkenswerth ist, daß das gesammte
Aroma und die gesammte Farbe des „premier jus“ in das Oleomargarin übergehen. Aus
100 Theilen „premier jus“ gewinnt man gewöhnlich etwa 60 Theile Oleomargarin und
40 Theile Preßtalg.

β) Das Neutral=Lard. Dem Beispiele der Amerikaner folgend, verwendet ein Theil der deutschen Margarinefabrikanten, wenigstens zur Herstellung der besseren Margarinesorten, ein amerikanisches Schweineschmalz, Neutral-Lard (Neutral-Schmalz) genannt, das in den Vereinigten Staaten von Amerika, insbesondere in Chicago, eigens für die Zwecke der Margarinefabrikation hergestellt und in großen Mengen in Deutschland eingeführt wird. Ueber die Darstellung des Neutral-Lards liegen nur wenige Angaben vor. Nach Mittheilungen der Besitzer der beiden größten Schlächtereien in Chicago, Ph. D. Armour und G. F. Swift (Foods and Food Adulterants. By Direction of the Commissioner of Agriculture. U. S. Department of Agriculture, Division of Chemistry. Bulletin No. 13. Part first: Dairy Products. Washington 1887, S. 16 und 17), sowie des Chemikers des Ackerbauministeriums der Vereinigten Staaten, H. W. Wiley (ebendort Part fourth: Lard and Lard Adulterations. By H. W. Wiley. Washington 1889, S. 405), welche durch besondere, in Chicago eingezogene Erkundigungen ergänzt werden, wird zur Darstellung des Neutral-Lards das Netz- und Gekrösefett des Schweines (leaf lard) unmittelbar nach dem Schlachten des Thieres mit Wasser gewaschen und in Eiswasser gelegt, bis es stark abgekühlt ist. Dann wird es mit Hülfe einer Maschine in kleine Stücke zerschnitten und bei 40 bis 50° C. (nach älteren Angaben bei 50 bis 65° C.) ausgeschmolzen, genau wie dies bei der Herstellung des „premier jus" beschrieben wurde. Nach Angabe Wiley's wird hierbei nur ein Theil des Schweinefettes ausgeschmolzen; der übrig bleibende Theil wird auf andere Schmalzsorten verarbeitet. Zur Entfernung des dem Schmalz anhaftenden Geruches wird es 48 Stunden in reines kaltes Wasser und dann noch 48 bis 72 Stunden in eine auf nahezu 0° C. abgekühlte Salzlake gebracht; in anderen Fabriken wird das Neutral-Lard in geschmolzenem Zustande mit Wasser gewaschen, in welchem eine kleine Menge Natriumkarbonat, Chlornatrium oder einer verdünnten Säure gelöst ist. Das fertige Neutral-Lard bildet ein weißes, schmalzartiges Fett von nur sehr schwachem Schmalzgeruch. Seinen Namen verdankt das Neutral-Lard dem Umstande, daß es nahezu neutral ist; es enthält nur geringe Mengen (höchstens 0,25 vom Hundert) freie Säuren, daneben bisweilen beträchtliche Mengen Wasser und etwas Salz.

γ) Das Baumwollsamenöl (Baumwollsaatöl, Cottonöl). Das Baumwollsamenöl wird aus den Samen der verschiedenen Arten der Baumwollstaude (Gossypium) gewonnen. Das raffinirte Baumwollsamenöl, wie es bei der Margarinefabrikation angewandt wird, ist strohgelb gefärbt, meist nahezu säurefrei und von nußartigem Geschmack. Es wird in großen Mengen aus Amerika eingeführt, aber nicht in Deutschland geschlagen, angeblich weil die Samen den Transport nicht ungeschädigt aushalten.

Beim Abkühlen des Baumwollsamenöles auf eine niedrige Temperatur scheidet sich ein festes Fett ab, das durch Abpressen gewonnen und unter dem Namen Baumwollsamenstearin (Cottonstearin) oder vegetabilisches Margarin in den Handel kommt. Häufig wird dasselbe auch aus den Rückständen der Baumwollsamenöl-Raffination dargestellt; es hat eine schmalzähnliche Beschaffenheit und schmilzt bei 33 bis 40° C. Dieses feste Fett wird von manchen Margarinefabrikanten mit Vorliebe verwendet.

δ) Sesamöl. Das Sesamöl wird aus den Samen des morgenländischen Sesams (Sesamum orientale und Sesamum indicum) gewonnen. Es ist gelb, geruchlos, von angenehmem Geschmack und wird schwer ranzig. Die Darstellung des Sesamöles erfolgt auch in deutschen Fabriken.

ε) Erdnußöl (Arachis- oder Arachidöl). Das Erdnußöl wird aus den Samen der

Erdnuß oder Erdpistazie (Arachis hypogaea) dargestellt. Es ist fast farblos oder hellgelb, von schwachem, angenehmem Geruch und Geschmack und dient als Speiseöl. Es wird vielfach in Deutschland aus eingeführten Erdnüssen geschlagen.

b) Die Milchpräparate.

Von Milchpräparaten werden bei der Herstellung der Margarine verwendet: Vollmilch, Magermilch, Rahm und Buttermilch. Der Gehalt dieser Flüssigkeiten an Milchfett ist sehr verschieden. Die Vollmilch enthält etwa 2,5 bis 4 vom Hundert, im Mittel etwa 3,5 vom Hundert Fett. Die Magermilch enthält je nach der Art der Entrahmung wechselnde Fett= mengen; bei der in den Margarinefabriken benutzten Magermilch, die in großem Maßstabe durch Centrifugiren der Vollmilch gewonnen wird, dürfte der Fettgehalt nur in den seltensten Fällen mehr als 0,2 vom Hundert betragen. Durch geeignete Aenderung der Arbeitsweise und der Versuchsbedingungen läßt sich der Fettgehalt der Magermilch noch erheblich tiefer herabdrücken. Der Rahm hat einen stark wechselnden Fettreichthum; während man einerseits schon eine Milchflüssigkeit als Rahm bezeichnet, die kaum 10 vom Hundert Fett enthält, läßt sich andererseits durch bestimmte Einrichtung des Centrifugirverfahrens ein Rahm herstellen, der bis zu 70 vom Hundert Fett enthält. Auch die Buttermilch enthält schwankende Mengen Fett; bei sorgfältiger Butterung des sauren Rahms bleibt der Fettgehalt der dabei zurück= bleibenden Buttermilch meist unter 0,5 vom Hundert, er ist aber häufig geringer.

c) Die Farbstoffe.

Für die Zwecke des Färbens von Margarine kommen dieselben Farbstoffe in Betracht, die auch bei der Färbung der Butter Verwendung finden. Die wichtigsten sind der aus Bixa orellana gewonnene Annatto= oder Orleanfarbstoff und der aus dem Rhizom der Gelb= wurzel (Curcuma longa und Curcuma viridiflora) bereitete Farbstoff Curcumin. Zu dem= selben Zwecke dient auch der Safran (die getrockneten Narben von Crocus sativus), der Saflor (die Blumenkronenblätter von Carthamus tinctorius), die gelben Blätter der Ringelblume (Calendula arvensis), das Gelbholz (Holz des Färbermaulbeerbaumes, Morus tinctoria) und endlich der Saft der Mohrrübe (Daucus carota), in welchem ein gelbrother Farbstoff, Karotin, enthalten ist. Früher, öfter als jetzt, wurden auch Chromgelb (Bleichromat), Safransurrogat (Salze des Dinitrokresols) und andere Theerfarbstoffe zum Färben verwendet.

Die meisten gegenwärtig im Handel befindlichen und zur Färbung von Butter und Margarine dienenden sogenannten Butterfarben sind Lösungen des Orleanfarbstoffes oder des Curcumafarbstoffes oder beider zusammen in einem Oel (meist Baumwollsamenöl). Doch werden auch jetzt noch Anilinfarben zum Färben von Butter und Margarine verwendet; eine neuerdings im Kaiserlichen Gesundheitsamte untersuchte Butterfarbe bestand aus einer Lösung von Anilinazodimethylanilin oder Buttergelb in Oel.

d) Das Salz.

Zum Salzen der Margarine bedient man sich, wie bei der Naturbutter, des gereinigten, kleinkörnigen Salzes.

2. Das Darstellungsverfahren.

Die Butter unterscheidet sich von den übrigen Speisefetten wesentlich dadurch, daß sie nicht nur aus Fettstoffen besteht, sondern eine erstarrte Emulsion von Milch- oder Butterfett mit einer gewissen Menge Magermilch (meist saurer, bei Süßrahmbutter von süßer) bildet, die in dem Butterfett in feinster und gleichmäßiger Vertheilung vorhanden ist. Um aus den gewöhnlichen Fetten eine butterähnliche Fettzubereitung zu machen, ist es nothwendig, die Fette mit einem der vorher genannten Milchpräparate zu einer Emulsion zu verarbeiten. Dies geschieht in der Weise, daß man die bei möglichst niedriger Temperatur geschmolzenen festen Fette und die flüssigen Oele zusammen mit Milch beziehungsweise Rahm und einer abgemessenen Menge Butterfarbe (in Oel gelöst) in ein geschlossenes Gefäß (die „Kirne") bringt und das Ganze mit Hülfe maschineller Vorrichtung längere Zeit (mehrere Stunden) heftig durcheinanderrührt („kirnt"). Nach Verlauf dieser Zeit bildet die Mischung der Fette mit der Milch eine dickflüssige, rahmähnliche Emulsion, die das Aussehen der bekannten Mayonaisentunke hat. Die dickflüssige Emulsion fließt dann aus einer Oeffnung des Emulgirgefäßes (der Kirne) in eine Holzrinne, wo sie unter die eiskalten Wasserstrahlen einer Brause gelangt. Unter dem Einflusse des kalten Wassers erstarrt die Emulsion der Fettstoffe mit der Milch; gleichzeitig wird sie durch die unter Druck auffallenden Wasserstrahlen in eine lockere Fettmasse verwandelt, die frisch gebutterter Naturbutter täuschend ähnlich sieht. Die erstarrte, lockere Emulsion gelangt mit dem abfließenden Wasser in große fahrbare Holzkästen. Aus diesen wird sie in ein anderes Gefäß geschaufelt, mit Salz bestreut und durch zwei sich gegen einander bewegende, geriefte Walzen geschickt; hierbei wird die Margarine ausgeknetet und das Salz fein vertheilt. Nach längerem Stehen kommt die Margarine auf den sich drehenden Teller der Knetmaschine, wird dort nochmals ausgeknetet, wobei noch viel wässerige Milchflüssigkeit abfließt, und wird dann in Kübel und Fässer verpackt oder zu würfelförmigen Stücken geformt.

3. Die fettartigen Bestandtheile der Margarine.

Die bei der Herstellung der Margarine in den einzelnen Fabriken übliche Arbeitsweise ist verschieden, namentlich hinsichtlich der Auswahl und Verarbeitung der fettartigen Rohstoffe. Es ist häufig schwer, über diesen Punkt eine erschöpfende Auskunft zu erhalten, da die Fabrikanten die von ihnen meist erst durch Versuche gefundenen und durch längere Erfahrungen erprobten Vorschriften für die Art der anzuwendenden Fette und die Mengenverhältnisse derselben nicht preisgeben. Nach den dem Kaiserlichen Gesundheitsamte zu Theil gewordenen Auskünften und den bei der Besichtigung von Margarinefabriken gemachten Erfahrungen wird man in der Annahme nicht fehlgehen, daß die Mehrzahl der deutschen Fabriken neben Oleomargarin noch Neutral-Lard, Baumwollsamenöl, Sesamöl und Erdnußöl, sowie, vielleicht seltener, Baumwollsamenstearin verwendet, sei es, daß alle diese Stoffe zusammen, sei es, daß nur einzelne von ihnen angewandt werden. In einer dem Gesundheitsamte bekannten Fabrik werden sämmtliche dort hergestellten Margarinesorten mit allen vorher genannten Fettarten dargestellt, in einer anderen Fabrik nur die besseren Margarinesorten; hier wird zur Herstellung der schlechtesten Marke nur Oleomargarin und Baumwollsamenöl verwendet.

Soweit dem Kaiserlichen Gesundheitsamte sichere Nachrichten zu Gebote stehen, kommt bei der Herstellung der Margarine stets in erster Linie das Oleomargarin in Betracht, neben dem aber auch den Pflanzenölen große Wichtigkeit beigemessen wird. In Süddeutschland

(Bayern) sollen einzelne Margarinefabriken bestehen, die noch nach der ursprünglichen Mège-Mouriès'schen Vorschrift arbeiten und ausschließlich Oleomargarin und Milch ohne eine Spur von Pflanzenölen verwenden. Andererseits sollen am Niederrhein einzelne Fabriken gar kein Oleomargarin und überhaupt kein thierisches Fett, sondern ausschließlich Pflanzenfette und -Oele zur Herstellung von Margarine benutzen; neben den vorher genannten Pflanzenölen kämen hier noch Palmöl, Palmkernöl und Kokusnußfett in Betracht. Andere Margarine-fabrikanten sollen an Stelle des Oleomargarins den ursprünglichen „premier jus" mit Baumwollsamenöl emulgiren oder auch den Preßtalg in die geringsten Margarinesorten ver-arbeiten. Schließlich soll auch Pferdefett bei der Herstellung der Margarine Verwendung finden.

Inwieweit diese Angaben richtig sind, läßt sich nur schwer beurtheilen. Dem Kaiserlichen Gesundheitsamte ist nichts Sicheres hierüber bekannt, und auch von anderer Seite sind bisher, wie es scheint, authentische Mittheilungen nicht veröffentlicht worden. Einige Margarinesorten sind indessen so billig, daß die Vermuthung gerechtfertigt ist, bei ihrer Herstellung seien Fette verwendet worden, die, wenn auch vielleicht nicht ekelerregend oder gesundheitsschädlich, so doch von geringerer Güte und billigem Preise waren.

Die Mengenverhältnisse, in denen die einzelnen Fette und Oele bei der Margarine-fabrikation angewandt werden, schwanken in den einzelnen Fabriken innerhalb weiter Grenzen; meist haben sich die Margarinefabrikanten bestimmte Mischungsverhältnisse ausprobirt, die ihnen nach ihren Erfahrungen die wohlschmeckendste Margarine liefern. Dem Kaiserlichen Gesund-heitsamte ist eine Anzahl solcher Rezepte bekannt, es ist aber um so weniger nothwendig, dieselben hier mitzutheilen, als sie je nach der Jahreszeit veränderlich sind; während nämlich im Sommer mehr von den festen Fetten genommen wird, wird im Winter die Menge der flüssigen Pflanzenöle vermehrt.

4. Ist es nothwendig, bei der Margarinefabrikation Milch oder ein Milchpräparat anzuwenden?

Nach Maßgabe des § 1, Absatz 2, des vorliegenden Gesetzentwurfs sind unter dem Namen „Margarine" alle der Milchbutter (und dem Butterschmalz) ähnlichen Zu-bereitungen zusammengefaßt, deren Fettgehalt nicht ausschließlich der Milch entstammt. Damit eine Fettzubereitung der Milchbutter ähnlich sei, müssen drei Bedingungen erfüllt sein:

1. Sie muß die stoffliche Beschaffenheit der Milchbutter haben, d. h. sie muß eine er-starrte Emulsion eines oder mehrerer Fette mit einer wässerigen Flüssigkeit sein. Wie schon erwähnt, unterscheidet sich die Butter wesentlich von allen anderen Speisefetten dadurch, daß sie eine erstarrte Emulsion von Milchfett mit Magermilch darstellt. Diese eigenartige stoffliche Beschaffenheit bedingt mehrere Vorzüge, welche die Butter vor anderen Fetten hat, so z. B. die Fähigkeit, sich besser als andere Fette auf Brod u. s. w. streichen zu lassen, die Form-barkeit (Plastizität), die es ermöglicht, die Butter in beliebiger Weise zu formen. Die in feinster Vertheilung in der Butter enthaltene Magermilch ist ein wesentlicher Bestandtheil der Butter; er macht erst das Milchfett oder Butterfett zur eigentlichen Butter.

2. Die Fettzubereitung muß einen butterähnlichen Geruch und Geschmack haben. Der eigenartige Geruch und Geschmack ist eine charakteristische Eigenschaft der Milchbutter, durch den sie sich von den übrigen Speisefetten wesentlich unterscheidet.

3. Die Fettzubereitung muß eine butterähnliche Farbe haben; die gelbliche Farbe ist, trotzdem sie innerhalb gewisser Grenzen schwankt, für die Butter charakteristisch.

Um ein flüssiges Fett in einen emulsionsartigen Zustand überzuführen, bedarf man weder der Milch noch eines Milchpräparates; hierzu genügt schon Wasser, das man nur mit dem Fette innig zu vermischen hat. Eine derartige Emulsion hat aber keine Spur eines butterähnlichen Geruches und Geschmackes, sondern, da das Wasser geruch= und geschmacklos ist, den der angewandten Fette.

Da die Behauptung aufgestellt worden war, man könne auch ohne Verwendung von Milch durch Emulgiren der Fette mit Wasser eine „Margarine", d. h. eine butterähnliche Fettzubereitung, herstellen, wurde seitens des Kaiserlichen Gesundheitsamtes in einer Margarine= fabrik ein dahin gehender Versuch angestellt, d. h. es wurde ein Gemisch von Fetten und Oelen nach Zusatz von Butterfarbe mit Wasser gekirnt, gesalzen und geknetet. Es wurde ein Produkt erhalten, das in seiner äußeren Beschaffenheit von Naturbutter nicht zu unterscheiden war. Wie vorauszusehen war, hatte es aber weder einen Geruch noch einen Geschmack, der irgendwie an Butter erinnerte; die „Wassermargarine" hatte nur den Geruch der zu ihrer Herstellung verwendeten Fette.

Bemerkenswerth ist die Thatsache, daß derartige Wassermargarine in einigen Margarine= fabriken thatsächlich gewerbsmäßig hergestellt wird. Soweit dem Gesundheitsamte bekannt ist, kommt sie in ungesalzenem Zustande in den Handel und wird ausschließlich an Bäcker geliefert, da sie zum Streichen auf das Brod wegen des mangelnden Aromas wenig geeignet ist.

Es fragt sich nun, welcher Bestandtheil der Milch der Margarine den butterähnlichen Geruch und Geschmack verleiht. Früher glaubte man, daß das Milchfett allein im Stande sei, der Margarine diese Eigenschaften zu verleihen. Fr. Soxhlet war der erste, der darauf hinwies, daß diese Ansicht unrichtig ist. Daß das Milchfett an sich nicht den eigenartigen Geruch und Geschmack der fertigen Butter hat, läßt sich leicht beweisen, indem man aus süßer Milch das Fett mittelst Aether auszieht und den Aether verdunstet; man erhält ein wirkliches Milchfett, das an den Geruch und Geschmack der Butter nicht erinnert.

Der Geruch und Geschmack der gewöhnlichen Naturbutter aus gesäuertem Rahm ist nicht dem Milchfett an sich eigen, sondern den von dem Butterfette eingeschlossenen Säuerungs= produkten der Milch. Das Butter=Aroma entsteht erst beim Säuern der Milch, es ist ein Produkt einer bakteriellen Zersetzung der Milchbestandtheile, in erster Linie wohl des Milch= zuckers. Hiernach ist es nicht unbedingt nothwendig, der Margarine ein Fett enthaltendes Milchpräparat zuzusetzen, um ihr ein butterähnliches Aroma zu geben, sondern es genügt der Zusatz einer von Fett befreiten Milch, sofern diese nur in Säuerung übergegangen ist.

Eine weitere für die Beurtheilung der Margarine wichtige Frage ist die, wieviel Butterfett bei ihrer Herstellung unter Anwendung verschiedener Milchpräparate in die Margarine gelangt. Früher nahm man an, daß die Fette beim Emulgiren mit fetthaltiger Milch dieser das Fett vollständig entziehen. Fr. Soxhlet wies darauf hin, daß diese Ansicht nur zum Theil richtig sei. Wenn man nämlich geschmolzene Fette mit süßer Vollmilch emulgirt, so vermögen sie nach Soxhlet der Milch ihr Fett nicht zu entziehen; eine auf diese Weise dargestellte Margarine enthalte nur soviel Milchfett, als in der Milchmenge enthalten sei, die in der emulsionsartigen Mischung von Milch und Fett eingeschlossen sei. Ein Beispiel möge dies erläutern. Man habe zur Darstellung einer Margarine nach Maßgabe des Gesetzes vom

12. Juli 1887 100 Gewichtstheile einer Fettmischung mit 100 Gewichtstheilen Vollmilch von 3,5 vom Hundert Fett emulgirt. Nach der früheren Annahme, daß das gesammte Milchfett in die Margarine übergehe, würden hiernach die 100 Gewichtstheile Fettmischung 3,5 Gewichtstheile Milchfett aufnehmen. Nach Soxhlets Angabe enthält dagegen die fertige Margarine erheblich weniger Milchfett. Angenommen, die Fettmischung habe bei dem Emulgiren 12 vom Hundert Milch aufgenommen, eine Menge, die in der Regel zutrifft, so ist in der Margarine nur soviel Milchfett enthalten, als in den aufgenommenen 12 vom Hundert Vollmilch vorhanden ist; da in 100 Gewichtstheilen Milch 3,5 Gewichtstheile Fett enthalten waren, so sind in den aufgenommenen 12 Gewichtstheilen Milch und somit auch in 112 Theilen der fertigen Margarine nur $\frac{3,5}{100} \cdot 12 = 0,42$ Theile oder in 100 Theilen Margarine 0,38 Theile Milchfett enthalten.

Ganz anders liegen die Verhältnisse bei der Verwendung von fetthaltiger Milch, die gesäuert ist. Da diese Milch bereits aufgerahmt ist, findet bei dem Emulgiren der Milch mit dem Fettgemische ein Ausbuttern des Milchfettes statt; bei dem innigen Durcheinandermischen wird aus dem sauren Rahm Naturbutter dargestellt und diese mischt sich nahezu vollständig der Fettemulsion bei. Beim Emulgiren von 100 Gewichtstheilen einer Fettmischung mit 100 Gewichtstheilen gesäuerter Vollmilch von 3,5 vom Hundert Fettgehalt nimmt die Fettmischung somit thatsächlich nahezu 3,5 Gewichtstheile Milchfett auf.

In Gemäßheit des Gesetzes vom 12. Juli 1887 dürfen bei der Herstellung von Margarine auf 100 Theile der Fettmischung an Stelle von 100 Gewichtstheilen Milch auch 10 Gewichtstheile Rahm verwendet werden. Soxhlet, der sich mit den Verhältnissen der Margarinefabrikation sehr eingehend befaßte, giebt an, daß es nicht möglich sei, mit dieser durch das Gesetz zugelassenen Rahmmenge Margarine darzustellen. Die fertige Margarine müsse in 100 Gewichtstheilen mindestens 12 Gewichtstheile Magermilch emulsionsartig einschließen, und diese seien in 10 Gewichtstheilen Rahm nicht enthalten. Die Fabrikanten seien daher gezwungen, neben dem Rahm noch die nöthige Menge Magermilch zuzusetzen, um eine befriedigende Emulgirung der Fettmischung zu erzielen.

Zur Klärung der Verhältnisse, die bei der Darstellung der Margarine von Bedeutung sind, insbesondere auch zur Prüfung der von Soxhlet aufgestellten neuen Gesichtspunkte, nahm das Kaiserliche Gesundheitsamt Veranlassung, in einer Margarinefabrik einige Versuche in großem Maßstabe auszuführen. Die Versuchsbedingungen wurden genau in derselben Weise gestellt, wie sie bei der wirklichen Margarinefabrikation vorliegen. Eine Fettmischung, bestehend aus Oleomargarin, Neutral-Lard, Baumwollsamenöl, Sesamöl und Erdnußöl, wurde unter Anwendung von süßer Vollmilch, saurer Vollmilch, saurer Magermilch, Buttermilch, saurem Rahm und Wasser in Margarine verwandelt. Von den Milchsorten wurden auf 500 Pfund der Fettmischung je 210 Liter angewandt, von dem sauren Rahm nach Maßgabe des Gesetzes vom 12. Juli 1887 auf 500 Pfund Fettmischung nur 50 Pfund. Die nach dem Salzen noch mehrmals durchgekneteten Margarineproben zeigten nach der im Kaiserlichen Gesundheitsamte ausgeführten Untersuchung folgende Zusammensetzung:

Margarine, hergestellt mit Hülfe von:

	süßer Vollmilch im Hundert	saurer Vollmilch im Hundert	saurer Magermilch im Hundert	Buttermilch im Hundert	saurem Rahm im Hundert	Wasser im Hundert
Wasser	6,60	7,31	6,59	6,76	6,72	5,50
Fett	89,78	89,75	89,80	90,58	90,24	91,60
Stickstoffsubstanz	0,27	0,89	0,40	0,45	0,23	Spur
Mineralbestandtheile	2,74	1,88	2,84	2,05	2,62	2,54
Kochsalz	2,71	1,87	2,82	2,04	2,60	2,50

Außerdem wurde der Fettgehalt der Milchsorten und des Rahmes, sowie die Reichert-Meißl'sche Zahl der angewandten Fette und Oele, der aus den Milchsorten ausgezogenen Fette und der erzielten Margarineproben bestimmt.

Die Margarineproben hatten sämmtlich das Aussehen guter Butter; sie waren äußerlich weder unter sich, noch von Naturbutter zu unterscheiden. Die Praktiker der Margarinefabrik, welche sich in Folge langjähriger Erfahrungen ein ausgezeichnetes Unterscheidungsvermögen für den Geschmack und Geruch der Margarinesorten angeeignet hatten, und auf deren Urtheil ohne Zweifel großer Werth gelegt werden muß, bezeichneten die mit saurer Vollmilch hergestellte Margarine als die beste Sorte; auch die mit Buttermilch und mit saurer Magermilch hergestellten Margarinesorten wurden als sehr gut bezeichnet. Die Rahm-Margarine erschien den praktischen Sachverständigen zu fest, aber sonst von guter Beschaffenheit. Die mit süßer Vollmilch hergestellte Margarine hatte nur schwaches Aroma und wurde als nicht vollwerthig bezeichnet. Die Wassermargarine, von der schon vorher die Rede war, hatte gar keinen butterähnlichen Geruch, sondern nur den der angewandten Fette.

Aus der chemischen Untersuchung der auf verschiedene Weisen hergestellten Margarinesorten in Verbindung mit der Geschmacks- und Geruchsprobe lassen sich folgende Schlüsse ziehen:

1. Das Aroma und der Geschmack der Naturbutter sowie das butterartige Aroma und der butterähnliche Geschmack der Margarine sind nicht dem Milchfett selbst eigen, sondern verdanken ihr Entstehen den Säuerungsprodukten der in der Butter beziehungsweise der Margarine emulsionsartig vertheilten Milchbestandtheile.

2. Da der butterähnliche Geschmack der Margarine durch die bakterielle Zersetzung von Milchbestandtheilen erzeugt wird, ist es nicht möglich, durch Emulgiren von Fetten mit Wasser ein Erzeugniß von diesen Eigenschaften zu erzielen.

3. Aus demselben Grunde ist auch süße Milch weniger geeignet, der Margarine ein kräftiges Butter-Aroma zu ertheilen. Bei Anwendung von süßer Milch bleiben verhältnißmäßig wenig Milchbestandtheile in der Margarine zurück, da die größte Menge derselben durch das aus der Brause strömende Wasser weggewaschen wird; während das abfließende Wasser bei den übrigen Versuchen wenig trübe war, erschien es bei dem Versuche mit süßer Vollmilch milchig getrübt. Das Aroma der bei diesem Versuche gewonnenen Margarine wurde nach mehrtägigem Stehen verstärkt, wahrscheinlich weil die in ihr eingeschlossene Milch allmählich sauer wurde. Den Margarinefabrikanten ist es nach den dem Gesundheitsamte gewordenen Auskünften zum Theil wohl bekannt, daß die süße Milch für die Zwecke der Margarine-

fabrikation nur wenig geeignet ist; sie dürfte daher nur selten, vielleicht gar nicht, zur Ver=
wendung kommen.

4. Da der butterähnliche Geruch und Geschmack der Margarine nicht durch das Milchfett,
sondern durch andere, in Säuerung begriffene Bestandtheile der Milch hervorgerufen wird, so
ist ein Gehalt der Margarine an Milchfett keineswegs wesentlich oder nothwendig, um sie
butterähnlich zu machen. Man kann vielmehr mit völlig fettfreier, gesäuerter Magermilch
eine Margarine von kräftigem Butter=Aroma und =Geschmack herstellen. In der mit saurer
Magermilch bereiteten Margarine war z. B. so wenig Milchfett enthalten, daß es bei der
chemischen Untersuchung nach dem Reichert=Meißl'schen Verfahren nicht mehr nachgewiesen
werden konnte, und doch hatte diese Margarine ein kräftiges Butter=Aroma; auch in der mit
Buttermilch hergestellten Margarine, die ein noch stärkeres Aroma besaß, war nur eine sehr
kleine, kaum nachweisbare Menge Milchfett.

Durch die Geruchs= und Geschmacksprobe der praktischen Sachverständigen wurde indessen
doch festgestellt, daß durch Verwendung von Vollmilch oder Rahm, also von fettreichen
Milchpräparaten, ein feineres Erzeugniß erzielt wird als mit fettarmer Mager= oder Butter=
milch. Diese Geschmacksverfeinerung dürfte indessen nicht auf Rechnung des Milchfettes selbst
zu setzen sein. Dazu ist die Menge des in die Margarine gelangenden Milchfettes (2 bis 3
vom Hundert) viel zu gering; sie verschwindet vollständig in der großen Masse fremder Fette.
Es scheint vielmehr, als ob die Säuerung der Milch bei Gegenwart des Milchfettes in dem
Sinne beeinflußt würde, daß dabei ein feineres Aroma erzeugt wird; eine Erklärung hierfür
kann zur Zeit nicht gegeben werden.

Durch die vorstehend beschriebenen Versuche ist bestätigt worden, daß es mit Verwendung
von gesäuerten Milchsorten, die nur sehr wenig Milchfett enthalten oder ganz fettfrei sind,
gelingt, nicht nur geringere, sondern auch feinere Margarinesorten herzustellen. Diese That=
sache ist vielen Margarinefabrikanten bekannt; sie wurden durch die von ihnen gemachten
Erfahrungen darauf geführt. In einer Reihe von Margarinefabriken wird bei der Darstellung
der Margarine weder Vollmilch noch Rahm verwendet. In diesen Fabriken wird die an=
kommende Vollmilch, nachdem sie zuvor pasteurisirt ist, centrifugirt. Die dabei gewonnene
Magermilch und der Rahm werden, vielfach unter Verwendung von sogenannten Reinkulturen
oder Säureweckern, gesäuert. Der saure Rahm wird dann auf Naturbutter verarbeitet; die
dabei zurückbleibende Buttermilch und die saure Magermilch dienen zur Herstellung sämmtlicher
Margarinesorten, von den geringsten bis zu den feinsten Marken. Die verschiedenen
Margarinesorten dieser Fabriken unterscheiden sich nur durch die Art und die größere oder
geringere Güte der zur Verarbeitung gelangenden Fette und Oele. Andererseits sind dem
Kaiserlichen Gesundheitsamte aber auch Margarinefabriken bekannt, in denen Vollmilch und
Rahm verarbeitet werden, aber auch da nur bei der Herstellung der besseren Sorten.

5. Die chemische Untersuchung der mit süßer Vollmilch dargestellten Margarine ergab,
daß diese einen Theil des in der Milch enthaltenen Fettes (etwa 40 vom Hundert desselben)
aufgenommen hatte. Möglicherweise darf indessen diesem einen Versuche eine entscheidende
Bedeutung nicht zugeschrieben werden, da es nicht ausgeschlossen ist, daß die süße Vollmilch
bei der zur Zeit der Anstellung der Versuche herrschenden großen Hitze bereits ein wenig ge=
säuert war. Eine praktische Bedeutung kommt übrigens der Frage, ob süße Vollmilch beim

Emulgiren mit Fetten und Oelen an diese Milch abgiebt, nicht zu, da bei der Herstellung von Margarine, soweit bekannt ist, süße Milch nicht verwendet zu werden scheint.

Aus den Versuchen des Kaiserlichen Gesundheitsamtes ergiebt sich in Uebereinstimmung mit den Angaben der Fachliteratur, daß die Einführung von Milchfett in die Margarine nicht unumgänglich nothwendig ist, um dieser einen butterähnlichen Geruch und Geschmack zu verleihen. Trotz dieser Erfahrung erscheint es angezeigt, die Verwendung von Vollmilch und Rahm bei der Margarinefabrikation zuzulassen. Abgesehen davon, daß die Magermilch, wie sie zur Zeit in den Margarinefabriken verwendet wird, stets noch kleine Mengen Milchfett enthält und diese der Margarine zuführt, würde die Durchführbarkeit einer Vorschrift, wonach zur Margarinefabrikation ausschließlich Magermilch verwendet werden darf, an der Schwierigkeit scheitern, an der fertigen Margarine nachzuweisen, ob dieselbe mittelst Vollmilch oder mittelst Magermilch hergestellt ist. Wollte man erreichen, daß keine Spur von Butterfett bei der Verwendung von Milch in die Margarine übergeht, so müßte man vorschreiben, daß nur völlig fettfreie Magermilch bei der Fabrikation von Margarine Anwendung finden darf. Die Gewinnung solcher Milch in der für die Margarinefabriken erforderlichen Menge würde indessen auf nahezu unüberwindbare Schwierigkeiten stoßen.

Voraussichtlich wird sich die Frage der Verwendung von Vollmilch und Rahm bei der Herstellung der Margarine im Laufe der Zeit von selbst regeln. Wenn die Thatsache, daß man auch ohne Einführung von Milchfett eine gute Margarine von butterähnlichem Geruch und Geschmack und von tadellosem Aussehen herstellen kann, unter den Margarinefabrikanten erst einmal allgemein bekannt geworden sein wird, so werden diese sich, soweit sie Vollmilch und Rahm verarbeiten, unzweifelhaft die Frage vorlegen, ob ihre bisherige Arbeitsweise wirklich rentabel gewesen ist. Sie werden durch Versuche feststellen, ob die durch die Einverleibung von Milchfett bewirkte Verfeinerung der Margarine und die hierdurch bedingte Erzielung eines höheren Preises für die Margarine in richtigem Verhältniß steht zu dem Werthe des zum Vermischen angewandten Milchfettes.

Ohne praktischen Werth würde ein Verbot der Verwendung von Rahm bei gleichzeitiger Zulassung von Vollmilch bei der Herstellung der Margarine sein. Denn wenn es doch gestattet ist, der Margarine in der Form eines Milchpräparates eine gewisse Menge Milchfett einzuverbleiben, so ist es für das Ergebniß belanglos, ob dies unter Anwendung von Vollmilch oder von Rahm, der als ein konzentrirter Milchauszug anzusehen ist, geschieht. Ueberdies läßt sich durch die chemische Untersuchung des fertigen Produktes nicht immer mit Sicherheit angeben, ob das darin enthaltene Milchfett in der Form von Vollmilch oder von Rahm beigemischt worden ist; der Gehalt der Margarine an stickstoffhaltigen Bestandtheilen (Eiweiß und Käsestoff) bietet nur gewisse Anhaltspunkte für die Beurtheilung dieser Frage.

In dem jetzt geltenden Gesetze vom 12. Juli 1887 ist die Verwendung von 100 Gewichtstheilen Milch oder 10 Gewichtstheilen Rahm auf 100 Gewichtstheile nicht der Milch entstammenden Fettes bei der Margarinefabrikation zugelassen. 10 Gewichtstheile Rahm sind hier 100 Gewichtstheilen Milch vollständig gleichgesetzt; da zur Zeit des Erlasses des Gesetzes vom Jahre 1887 nur der Fettgehalt der Milch und des Rahmes als wesentlich für die Margarinefabrikation angesehen wurde, ging man hierbei offenbar von der Voraussetzung aus, daß der Rahm höchstens zehnmal so viel Fett enthalte als die Vollmilch, d. h. nicht mehr als etwa 35 bis 40 vom Hundert. Diese Annahme trifft nicht zu; gegenwärtig ist man im Stande, einen Rahm herzu-

— 12 —

stellen, der bis zu 70 vom Hundert Fett enthält. Wendet man bei der Margarinefabrikation auf 100 Theile fremden Fettes 10 Theile eines so fettreichen Rahmes an, so können in der fertigen Margarine nicht, wie man beabsichtigt hatte, höchstens 3,5 bis 4 vom Hundert, sondern bis zu 7 vom Hundert Milchfett enthalten sein.

Um einen so hohen Gehalt der Margarine an Milchfett zu verhindern, ist die einschlägige Vorschrift des jetzt geltenden Gesetzes in dem vorliegenden Gesetzentwurfe dahin abgeändert worden, daß nicht mehr 10 Gewichtstheile Rahm, sondern eine 100 Gewichtstheilen Milch entsprechende, d. h. aus 100 Gewichtstheilen Milch herstellbare Rahmmenge auf 100 Gewichtstheile fremden Fettes angewandt werden dürfen. Es bleibt hiernach dem Margarinefabrikanten überlassen, entweder 100 Gewichtstheile Milch als solche zu verwenden, oder die 100 Gewichtstheile Milch vorher zu centrifugiren und den daraus gewonnenen Rahm zu verarbeiten. Hierbei kann nicht mehr Milchfett in die Margarine gelangen, als in 100 Gewichtstheilen Milch enthalten ist, d. h. günstigsten Falles 3,5 bis 4 vom Hundert.

Schließlich dürfte noch die Frage zu erörtern sein, ob es möglich ist, durch andere künstliche Zusätze als durch Milch oder ein Milchpräparat der Margarine ein butterähnliches Aroma zu verleihen. Für den Fall, daß ein Verbot der Verwendung von Milch in irgend einer Form bei der Margarinedarstellung erginge, würde das Bestreben der Margarinefabrikanten darauf gerichtet werden, den Geruch der Margarine durch andere Zusätze butterähnlich zu machen. Es unterliegt keinem Zweifel, daß dies bis zu einem gewissen Grade gelingen wird. Nachdem man erkannt hat, in welcher Weise das Aroma der Naturbutter entsteht, daß dasselbe ein Erzeugniß der Einwirkung der Säuerungsbakterien auf die Nichtfettbestandtheile der Milch ist, ist der Weg geebnet, der zur Darstellung des künstlichen Butter=Aromas führt. Die ausgedehnte Anwendung, welche die Bakteriologie schon jetzt auf dem Gebiete der Milchwirthschaft gefunden hat, lassen diesen Erfolg als sicher voraussehen. Daß man thatsächlich schon jetzt mit der künstlichen Aromatisirung der Margarine begonnen hat, ergiebt sich aus einem Vortrage des Chemikers Arends: „Ueber die technische Verwendung einiger Alkoholpräparate" (Chemiker=Zeitung 1895, Bd. 19, S. 1758), in welchem folgende Mittheilung gemacht wird: „Die Buttersäure selbst findet in letzter Zeit größere Verwendung als Zusatzmittel zur Margarine, um derselben den butterähnlichen Geruch und Geschmack zu geben und sie der gewöhnlichen Handelsbutter ähnlicher zu machen."

5. Ueber die Färbung der Margarine.

Die Färbung der Margarine hat man nach verschiedenen Richtungen hin zu dem Zwecke heranziehen wollen, um die Margarine deutlich zu kennzeichnen und Vermischungen derselben mit Naturbutter zu verhindern.

1. Man hat vorgeschlagen, die Margarine durch eine auffallende, fremdartige Farbe so zu kennzeichnen, daß sie Jedermann als solche erkennen könne, selbst in Mischungen mit viel Naturbutter. Durch Versuche Soxhlet's und des Kaiserlichen Gesundheitsamtes ist dargethan worden, daß es gelingt die Margarine in der mannigfaltigsten Weise, sowohl mit Pflanzenfarbstoffen (Indigo, Alkanna) als auch mit Theerfarbstoffen zu färben; damit aber auch Mischungen von gefärbter Margarine mit größeren Mengen Naturbutter eine fremdartige Farbe annehmen, die nicht durch Nachfärben mit Orleanfarbstoff verdeckt wird, müßte die Margarine sehr stark und sehr auffallend gefärbt werden. Eine derartige Margarine macht

aber nicht nur auf Brot gestrichen einen befremdenden Eindruck, sondern sie macht auch viele gekochte Speisen, die mit derselben zubereitet sind, mißfarbig.

2. Es ist ferner in Vorschlag gebracht worden, jedes Färben der Margarine zu verbieten. Durch ein solches Verbot würden Vermischungen von Butter mit Margarine und Unterschiebungen der letzteren an Stelle von Butter nicht verhindert werden, denn die ungefärbte Margarine ist, da alle zu ihrer Herstellung benutzten Fette und Oele, mit Ausnahme des Neutral-Lards, gelblich gefärbt sind, nicht schwächer gelb gefärbt als viele Buttersorten des Handels.

Ferner wäre es den Margarinefabrikanten ein Leichtes, das Färbeverbot zu umgehen. Der von ihnen angewandte „premier jus" ist schon jetzt mehr oder weniger gelb gefärbt. Es ist bekannt, daß der Talg gewisser Rindviehrassen stärker gelb gefärbt ist als bei anderen. Die Grünfütterung macht, ähnlich wie die Butter, auch den Talg gelb; nach den in Amerika gemachten Erfahrungen hat die Fütterung des Rindviehs mit Baumwollsamen denselben Einfluß auf die Farbe des Talges. Rinder, die mit Leberleiden behaftet sind, haben ein stark gelb gefärbtes Fett; auch das Pferdefett ist durch eine gelbe Farbe gekennzeichnet. Die Farbe der bei der Margarinefabrikation verwendeten Oele ist von Natur dunkelbraungelb und wird erst beim Raffiniren hellgelb; es ist ein Leichtes, die Reinigung der Oele so einzurichten, daß sie dunkelgelb bleiben.

Würde ein Färbeverbot für die Margarine erlassen, so verarbeiteten die Fabrikanten nur noch stark gelbe Fette und Oele; da die größte Menge des zur Herstellung der Margarine dienenden Oleomargarins aus dem Auslande (Amerika, Australien, Frankreich, Oesterreich u. s. w.) bezogen wird, so bestände noch die Gefahr, daß das Oleomargarin bereits am Erzeugungsorte gelb gefärbt und in diesem Zustande geliefert würde. Alle diese Umstände würden bewirken, daß die ungefärbte Margarine, d. h. die Margarine, bei deren Herstellung irgend ein Farbstoff nicht Verwendung findet, ebenso gelb wäre wie künstlich gefärbte Naturbutter; das Färbeverbot würde daher seinen Zweck vollkommen verfehlen, es sei denn, daß man auch die Verwendung von solchen Fetten und Oelen, die von Natur gelb sind, bei der Margarinefabrikation verböte.

Eine dem Färbeverbote nahestehende Vorschrift ist in das dänische und das belgische Margarinegesetz aufgenommen worden. In diesen beiden Ländern darf die Margarine nur eine bestimmte schwachgelbe Farbe besitzen, die durch eine amtliche Farbenskala festgesetzt ist. Hier ist also das Färben der Margarine bis zu einem gewissen Grade gestattet, gleichzeitig aber auch die Verwendung stark gelb gefärbter Rohmaterialien für die Margarinefabrikation unterbunden. Für die genannten Länder hat diese Bestimmung deshalb eine Bedeutung, weil dort sämmtliche Naturbutter stark gelb gefärbt in den Handel kommt; für das Deutsche Reich, wo die Naturbutter theils schwachgelb, theils tiefgelb gefärbt auf den Markt kommt, wäre eine solche Vorschrift bedeutungslos.

3. Bereits im Jahre 1887 und neuerdings wieder im Jahre 1895 machte Soxhlet den Vorschlag, die Margarine durch den Zusatz einer kleinen Menge einer unschädlichen Substanz zu kennzeichnen, welche Geruch, Geschmack, Farbe, sowie alle äußeren Eigenschaften und den Gebrauchswerth der Margarine nicht verändert, aus derselben nicht entfernt und durch ein einfaches Mittel leicht und rasch von Jedermann, selbst in Mischungen mit viel Naturbutter, erkannt werden kann. Als solchen Zusatz empfahl Soxhlet Phenolphtaleïn in Menge von 1 g auf 100 kg Margarine. Neuerdings wies Soxhlet auch auf Eisenchlorid (7 g auf

100 kg Margarine) und auf Salpeter (5 g auf 100 kg Margarine) als für den vorstehenden Zweck geeignete Zusätze zur Margarine hin.

Von den genannten Stoffen würde das Phenolphtaleïn wegen seiner leichten, jeden Irrthum ausschließenden Nachweisbarkeit am ehesten zu empfehlen sein. In den hier in Frage kommenden Zusatzmengen völlig unschädlich, hat das Phenolphtaleïn eine Eigenschaft, welche ihm schon vor längerer Zeit Eingang in die analytisch-chemische Praxis verschafft und sich vorzüglich bewährt hat. Während es nämlich in saurer und neutraler Lösung farblos ist, wird es auf Zusatz einer alkalischen Lösung dunkelroth gefärbt. Um diesen Stoff in der Margarine nachzuweisen, hat man nur ein kleines Stückchen der Margarine mit einem Tropfen einer Lösung von Lauge, Salmiakgeist, Soda, Pottasche oder auch einer Auflösung von Cigarren- oder Holzasche zu verreiben; bei Anwesenheit von Phenolphtaleïn tritt sofort eine hochrothe Färbung auf. Die Prüfung ist so einfach, daß sie Jedermann rasch und leicht ausführen kann.

Wie ersichtlich, stellt sich der Zusatz von Phenolphtaleïn zur Margarine als eine „latente" (verborgene) Färbung derselben dar. Die Margarine erscheint trotz des Zusatzes in allen Eigenschaften unverändert; sobald man aber eine alkalische Flüssigkeit hinzubringt, tritt die rothe Färbung, die in ihr gleichsam geschlummert hatte, zu Tage.

Der Soxhletsche Vorschlag bezüglich der „latenten" Färbung der Margarine hat ohne Zweifel etwas Bestechendes an sich. Wenn man erreichen könnte, daß sämmtliche in den Handel kommende Margarine einen Zusatz von Phenolphtaleïn erhalten hätte, so wären Verfälschungen der Naturbutter mit Margarine und der Verkauf der letzteren als Naturbutter thatsächlich unmöglich gemacht. Denn jeder Käufer wäre sofort in der Lage, seine Waare auf ihre Echtheit zu prüfen.

Der Ausführung einer in dieser Richtung erlassenen Vorschrift stellen sich indessen große Schwierigkeiten in den Weg. Zunächst müßte erreicht werden, daß alle Margarinefabrikanten bei ihren Erzeugnissen den vorgeschriebenen Zusatz thatsächlich machen. Mit ganz sicherem Erfolg könnte dies nur dadurch geschehen, daß für jede Margarinefabrik dauernd ein Beamter bestellt würde, der alle aus der Fabrik herausgehenden Posten Margarine daraufhin zu prüfen hätte, ob sie den vorgeschriebenen Zusatz von Phenolphtaleïn erhalten haben. Diese ständige Ueberwachung aller im Reich bestehenden Margarinefabriken würde mit erheblichen Kosten verknüpft sein.

Bedeutend größere Schwierigkeiten würde noch ein zweiter Punkt verursachen: die Ueberwachung der aus dem Auslande an die Grenze gelangenden Margarine. Hier müßte zunächst alle unter der richtigen Bezeichnung eingehende Margarine auf den Zusatz von Phenolphtaleïn geprüft werden; dies würde große Schwierigkeit nicht machen. Ferner aber müßte die gesammte aus dem Auslade kommende Butter daraufhin untersucht werden, ob sie wirklich Naturbutter oder aber Margarine oder Mischbutter ist. Bekanntlich kann man Naturbutter und gute Margarine durch Geruch und Geschmack sowie überhaupt durch die äußere Beschaffenheit nur schwer von einander unterscheiden. Würde man daher nicht sämmtliche ausländische Butter an der Grenze chemisch untersuchen, so könnten große Massen von Margarine unter der Bezeichnung „Naturbutter" in das Deutsche Reich eingeführt werden, die den vorgeschriebenen Zusatz von Phenolphtaleïn nicht erhalten haben; diese rechtswidrige Einführung von Margarine ist um so wahrscheinlicher, als Naturbutter und Margarine dem gleichen Zollsatze unterliegen.

Würde die chemische Untersuchung der ausländischen Butter an der Grenze unterlassen, so wäre die Lage in Bezug auf die Verfälschungen der Naturbutter mittelst Margarine durch die zwangsweise Einführung des Phenolphtaleïnzusatzes nicht gebessert, sondern unter Umständen noch erheblich verschlimmert. Denn entweder würde man im Vertrauen auf die Wirkung des Phenolphtaleïnzusatzes die Handelsbutter nur auf diesen prüfen und sämmtliche Butter, die sich als frei von Phenolphtaleïn erweist, als Naturbutter anerkennen; dann würden ohne Zweifel große Mengen von Mischbutter ungestraft in den Handel gebracht werden. Oder man müßte nach wie vor die Butter des Handels chemisch auf Verfälschungen mit Margarine prüfen; dann steht man auf demselben Standpunkte wie vor der gesetzlichen Einführung des Phenolphtaleïnzusatzes.

Die Untersuchung der aus dem Auslande kommenden Butter an der Grenze würde überdies erhebliche Kosten verursachen, da ein einfaches Verfahren, das den Zollbeamten in den Stand setzte, Butter und Margarine mit Sicherheit zu unterscheiden, zur Zeit nicht besteht.

B. Die sanitäre Beurtheilung der Margarine.

Wie bereits in den technischen Erläuterungen zu dem Gesetze über den Verkehr mit Ersatzmitteln für Butter vom 12. Juli 1887 bemerkt ist, sind vom sanitären Standpunkte gegen Margarine, welche aus reinen und guten Stoffen dargestellt wird, Bedenken nicht zu erheben. Thatsächlich sind auch in den 20 Jahren, während welcher nunmehr die Margarine als Speise= und Kochfett allgemeinere Verbreitung gefunden hat, Fälle von Gesundheits= schädigungen in Folge des Genusses von Margarine nicht bekannt geworden. Zwar läßt sich aus diesem Umstande nicht mit Bestimmtheit folgern, daß solche Erkrankungen nicht gleichwohl vereinzelt vorgekommen sind; denn es können immerhin Erkrankungen nicht zur ärztlichen Kenntniß gelangt oder als solche nicht erkannt worden sein. Jedenfalls geht aber daraus, daß bisher der Genuß von Margarine als bestimmte Ursache von Gesundheitsstörung nicht bezeichnet worden ist, hervor, daß das unter diesem Namen an den Konsumenten gelangte Speisefett im Durchschnitt ein unschädliches Nahrungs= und Genußmittel zu sein scheint.

Was den Nährwerth und die Verdaulichkeit der Margarine anlangt, so kommt in Betracht, daß Fette im Allgemeinen um so leichter verdaut werden, je weicher sie sind, d. h. je mehr Oleïn sie enthalten; je reicher an Stearin, desto schwerer sind sie zu verdauen. Indessen auch stearinreiche Fette, wie Rinder= und Hammeltalg, werden von gesunden Menschen noch bis zu 90 vom Hundert verdaut. Dagegen wird das Stearin für sich nur höchstens zu 10 bis 15 vom Hundert resorbirt.

Da bei der Margarinedarstellung der größte Theil des in dem Rindertalge enthaltenen schwer verdaulichen Stearins abgeschieden wird und daneben nur leicht verdauliche Oele ver= wendet werden, so ist vorauszusehen, daß auch die fertige, gewissenhaft hergestellte Margarine ein gut verdauliches Nahrungsmittel ist. Dies wird durch die von A. Mayer (Die land= wirthschaftlichen Versuchsstationen 1882, Bd. 29, S. 215) und Adolf Jolles (Monatshefte für Chemie 1891, Bd. 15, S. 147) ausgeführten Ernährungsversuche bestätigt. Mayer stellte an Menschen vergleichende Versuche mit Naturbutter und Margarine an, Jolles am Hunde mit Naturbutter und Oleomargarin. Mayer fand, daß von der Naturbutter 98, von der Margarine 96 vom Hundert verdaut wurden. Zu einem noch günstigeren Ergebniß kam

Jolles; er stellte fest, daß dem Oleomargarin derselbe Nährwerth und dieselbe Verdaulichkeit zukommt, wie der Naturbutter. Hierbei darf allerdings nicht übersehen werden, daß dieses Ergebniß sich nur auf den Genuß von Naturbutter und guter Margarine durch gesunde Menschen bezieht. Wie sich die Margarine hinsichtlich ihrer Verdaulichkeit bei kranken Personen, insbesondere bei Magenkranken, im Vergleich zu anderen Speise= und Kochfetten verhält, darüber liegen Erfahrungen bis jetzt nicht vor.

Aus den vorstehenden Darlegungen ergiebt sich, daß für einen unmittelbaren gesund= heitsgefährdenden Einfluß der aus guten Rohstoffen hergestellten Margarine bestimmte Anhalts= punkte nicht gegeben sind. Wohl aber ist eine mittelbare Schädigung der Volksgesundheit von einer unehrlichen Konkurrenz der Margarine mit der Milchbutter zu befürchten. Eine der wichtigsten Aufgaben der Volksgesundheitspflege ist die Sorge für die Volksernährung. Gute und reichliche Nahrung erhöht die Leistungsfähigkeit und die Widerstandskraft des Volkes. Soll ein gutes Nahrungsmittel möglichst weiten Kreisen Nutzen bringen, so muß es auch zu einem Preise in den Verkehr gebracht werden, der die Gestehungskosten nicht allzusehr über= schreitet und von den minder bemittelten Klassen noch bezahlt werden kann. Die aus reinen Fetten mit der nöthigen Sorgfalt hergestellte Margarine muß als ein gutes Nahrungsmittel anerkannt werden, das im Stande ist, den weniger bemittelten Klassen der Bevölkerung als Ersatzmittel für die Naturbutter zu dienen. Diese Möglichkeit liegt aber nur dann vor, wenn die Margarine als solche in den Verkehr kommt. Sobald dieselbe mit Zusätzen versehen wird, welche den äußeren Schein der Naturbutter erwecken sollen, und unter Bezeichnungen in den Verkehr gelangt, unter welchen das Publikum Naturbutter erwartet, so tritt thatsächlich der Gewinn aus dem Verkaufserlös auf Kosten der Konsumenten in den Vordergrund. Der Wettbewerb wird dann ein unlauterer, indem der Verkäufer der wohlfeiler herstellbaren Margarine Nutzen zieht von dem mit Rücksicht auf die Herstellungskosten naturgemäß höheren Preise der Milchbutter. Nicht nur wird der Butterproduzent und damit auch der an der Erhaltung der Butterproduktion interessirte ländliche Arbeiterstand durch eine solche Konkurrenz geschädigt, sondern ganz besonders auch der Konsument von Margarine, der das Geld, welches er bei niedrigeren Margarinepreisen ersparen würde, in anderer Weise zu besserer Ernährung, Kleidung oder Wohnung verwenden oder gute Margarine an Stelle bis dahin genossener schlechterer Fette und Oele genießen oder seinen Konsum an Fetten überhaupt erhöhen könnte. Die neueren Forschungen auf dem Gebiete der Ernährungsphysiologie haben gezeigt, daß gerade für den auf körperliche Leistungen angewiesenen Arbeiter eine reichliche Fettnahrung von besonders großer Wichtigkeit ist.

Bei der Beurtheilung der Margarine vom Standpunkte der öffentlichen Gesundheitspflege müssen zwei Verwendungsarten derselben getrennt betrachtet werden: die Verwendung zum Bestreichen des Brotes und zum Zubereiten (Kochen, Braten, Backen) von Speisen. Schon an die Naturbutter werden je nach der Verwendungsart verschieden hohe Anforderungen gestellt; während zum Bestreichen des Brotes stets eine bessere Buttersorte verwendet wird, bedient man sich in den meisten Haushaltungen zu Koch= und Backzwecken einer Butter geringerer Güte. Thatsächlich führen die Butterhändler fast allgemein billigere Sorten Butter unter der Bezeichnung Kochbutter oder Backbutter.

Aehnliche Verhältnisse findet man auch bei dem Verbrauch von Margarine. Hier werden ebenfalls zum Streichen auf das Brot bessere, zu Küchenzwecken geringere Sorten verwendet.

a) Die zum Bestreichen des Brotes verwendeten besseren Margarinesorten werden wenigstens zum Theil jetzt in vorzüglicher Beschaffenheit hergestellt. Mit den Verbesserungen in der Fabrikationsweise ging Hand in Hand eine Erhöhung der Anforderungen, die seitens der Wiederverkäufer und des Publikums an diese besten Erzeugnisse gestellt wurden. Die allmählich größer werdende Konkurrenz trug dazu bei, die Margarinefabrikanten anzuspornen, ihr Erzeugniß immer feiner und butterähnlicher zu machen. Einen bedeutenden Einfluß hierauf hatte auch der Erlaß des Margarinegesetzes vom 12. Juli 1887, durch welches die Vermischung der Margarine mit Butter verboten wurde. Bis dahin konnten die Margarinefabrikanten manchen Fehler ihres Erzeugnisses, der durch unsauberen Fabrikationsbetrieb und Verwendung mangelhafter Rohstoffe hervorgerufen worden war, durch einen Zusatz von Naturbutter verdecken; mit dem Erlasse des Mischverbotes fiel dieser Ausweg weg, und die Margarinefabrikanten mußten auf andere Weise versuchen, ihr Erzeugniß absatz- und konkurrenzfähig zu machen.

Diesen Zweck zu erreichen giebt es nur zwei Mittel: Verwendung guter Fette und große Sauberkeit im Betriebe. Nur aus guten Fetten läßt sich eine feine, butterähnliche Margarine darstellen, die wirklich im Stande ist, der Naturbutter Konkurrenz zu machen. Dies gilt vornehmlich auch von den bei der Margarinefabrikation verwendeten thierischen Fetten. Zur Darstellung guter Margarine eignet sich nur der aus frischem Talg bei nicht zu hoher Temperatur ausgeschmolzene „premier jus"; sobald der Talg nach dem Schlachten der Thiere auch nur wenige Tage alt wird, ist er für die Fabrikation der feinsten Margarine nicht mehr brauchbar, da er nach dem Auslassen talgig riecht. Aus diesem Grunde kann solcher „premier jus" auch nur in den großen Städten in irgend erheblichem Umfange dargestellt werden, da allein in den dortigen Schlachthöfen so viel Vieh geschlachtet wird, daß eine zur Gewinnung des guten „premier jus" hinreichende Menge frischen Talges zur Verfügung steht.

Der Umstand, daß der „premier jus", das wichtigste Rohfett für die Herstellung der besten Margarinesorten, nur in großen Städten mit Schlachthauszwang gewonnen werden kann, bietet die beste Garantie, daß ekelerregender und gesundheitsschädlicher Rindertalg im Inlande dabei nicht zur Verwendung kommt. Denn hier ist meist die obligatorische Fleischschau eingeführt, die dafür sorgt, daß nur tadelloses Fett in den Verkehr kommt.

Für das aus dem Auslande eingeführte Oleomargarin fehlt eine solche Garantie. Leider überwiegt das fremdländische Oleomargarin das einheimische an Menge ganz bedeutend. Dieser Mangel macht sich aber, soweit die Herstellung der feinsten Margarinesorten in Frage kommt, weniger bemerkbar. Die Margarinefabrikanten sind durch die Konkurrenz und die Ansprüche ihrer Abnehmer gezwungen, ihre besseren Erzeugnisse möglichst fein und butterähnlich zu machen. Sie stellen daher auch ihrerseits an die Güte der dazu verwendeten Fette und Oele hohe Anforderungen in Bezug auf Aussehen, Geruch und Geschmack; sie bewerthen und kaufen die Fette nur auf Grund einer eingehenden Besichtigung und Kostprobe und wenden zur Darstellung ihrer besten Marken nur gute und wohlschmeckende Fette und Oele an.

b) Bezüglich der vornehmlich zu Küchen- und Backzwecken benutzten geringeren und schlechtesten Margarinesorten liegen die Verhältnisse erheblich ungünstiger. Es ist bekannt, daß große Mengen billige und schlechte Margarinesorten in den Handel kommen. Schon in der Qualität der zur Margarinefabrikation benutzten, gesundheitlich nicht zu beanstandenden Fette giebt es zahlreiche Unterschiede gröberer und feinerer Art. Von dem besten Oleomargarin verlangt man z. B. einen angenehm süßlichen Geruch; gutes Neutral-Lard soll möglichst geruchfrei sein, und auch an die Pflanzenöle werden gewisse Anforderungen in Bezug auf Geruch und Geschmack gestellt. Fette, die diesen Ansprüchen nicht genügen, werden zur Herstellung der geringeren Margarinesorten benutzt. Zu dem gleichen Zweck dienen die älter gewordenen Bestände an Fetten, da das Oleomargarin beim Stehen leicht talgig wird und das Neutral-Lard einen schmalzigen Geruch annimmt; auch die Pflanzenöle werden durch längeres Lagern minderwerthiger. Bei der Herstellung geringer Margarinesorte läßt man in vielen Fabriken die theueren Rohstoffe, die bei den besseren Sorten Verwendung finden, weg; eine dem Gesundheitsamte bekannte Fabrik verwendet z. B. bei den feinen Margarinesorten Oleomargarin, Neutral-Lard, Sesamöl, Erdnußöl und Baumwollsamenöl, bei der geringsten Sorte nur Oleomargarin und Baumwollsamenöl. Ferner benutzen manche Fabriken bei der Herstellung der feinsten Margarinesorten Rahm, bei geringeren Sorten Vollmilch und bei der schlechtesten Magermilch. Sodann haben es diejenigen Fabriken, die selbst aus „premier jus" Oleomargarin pressen, in der Hand, die Ausgaben für Oleomargarin wesentlich zu vermindern. Sobald sie den „premier jus" bei höherer Temperatur auspressen, erhalten sie eine größere Menge des werthvolleren Oleomargarins, das dann allerdings stearinreicher ist, während die Menge des minderwerthigen Preßtalges (Stearins) kleiner wird. Ob zur Herstellung der billigsten Margarinesorten sogar statt des Oleomargarins, wie behauptet wird, der ursprüngliche „premier jus" oder der einfache Preßtalg Verwendung findet, der mit soviel Baumwollsamenöl geringer Qualität vermischt wird, daß das Erzeugniß eine butterähnliche Konsistenz bekommt, hat sich nicht mit voller Sicherheit feststellen lassen.

Wenn nach diesen Darlegungen die Margarine im Allgemeinen zu Befürchtungen vom gesundheitlichen Standpunkte keinen Anlaß giebt, so liegt die Sache anders, wenn Fette bei der Fabrikation Anwendung finden, welche von gesundheitsgefährlicher Beschaffenheit sind. Alsdann entsteht die Gefahr, daß eine derartig hergestellte Margarine die Quelle von Gesundheitsschädigungen werden kann.

Diese Gesundheitsschädigungen lassen sich auf zwei Gruppen von Ursachen zurückführen. Einerseits können bei der Herstellung Fette verwendet sein, die von kranken oder gefallenen Thieren herstammend, verdorben oder ekelerregend sind oder ein rasches Verderben der daraus hergestellten Margarine zur Folge haben. Andererseits können die bei der Margarinefabrikation verwendeten Fette von Thieren herrühren, die an gewissen ansteckenden Krankheiten gelitten haben; in letzteren Fällen ist die Möglichkeit gegeben, daß das Fett und die daraus hergestellte Margarine mit den betreffenden Krankheitserregern oder deren Stoffwechselprodukten behaftet sind und schwere Erkrankungen der die Margarine genießenden Menschen verursachen.

1. Anwendung von ekelerregenden und an sich gesundheitsschädlichen Fetten.

Von den zur Herstellung der Margarine verwendeten Pflanzenölen ist bisher nur dem Baumwollsamenöl der Vorwurf der Gesundheitsschädlichkeit gemacht worden. Insbesondere wurde angegeben, daß man Erkrankungen der Hausthiere nach der Fütterung mit Baumwollsamenkuchen beobachtet habe; auch solle Baumwollsamenöl in Japan als Abortivmittel Verwendung finden. Demgegenüber ist zu bemerken, daß von der Gesundheitsschädlichkeit des Baumwollsamenöls in der Fachliteratur nichts bekannt ist; für das raffinirte Baumwollsamenöl, das bei der Margarinefabrikation allein in Betracht zu ziehen ist, kann sie als ausgeschlossen bezeichnet werden. Das raffinirte Baumwollsamenöl wird vielfach als Speiseöl verwendet ohne daß Gesundheitsstörungen, die durch dasselbe verursacht worden wären, bisher bekannt geworden sind.

Weit ungünstiger als die Pflanzenöle sind die thierischen Fette in Bezug auf mögliche Gesundheitsschädigungen gestellt. Von thierischen Fetten wird Oleomargarin, ein Bestandtheil des Rindertalges, in allen, das Neutral=Lard, eine besondere Sorte Schweineschmalz, in einem Theil der Margarinefabriken verwendet. Es ist bekannt, daß bei gewissen Krankheiten der Schlachtthiere das Fettgewebe Veränderungen erleidet, die das ausgelassene Fett für die Zwecke der menschlichen Ernährung untauglich machen. Dazu gehören Milzbrand, Rauschbrand des Rindviehs, Rothlauf der Schweine, Schweineseuche, Pyämie, Vergiftungen jeder Art, insbesondere Vergiftungen des Schweines mit Ptomaïne enthaltenden Küchenabfällen, Wuth, starke Gelbsucht, schwere Geburt, Aufblähen und schwere Darmentzündung. Bei anderen inneren Krankheiten der Schlachtthiere entstehen derartige Schädlichkeiten in dem Fettgewebe zwar nicht sofort, dasselbe erleidet aber auch dann oft Veränderungen, in deren Folge das ausgelassene Fett vorzeitig verdirbt und dadurch gesundheitsschädlich werden kann. Hierher gehören die fieberhaften Infektionskrankheiten, innere Entzündung durch äußere Beschädigungen, bei denen nach dem Tode häufig in dem Fleische und dem Fettgewebe Fäulniß und andere von der Bildung von Leichengiften begleitete Zersetzungen eintreten. Durch das Auslassen der Fette bei so niedriger Temperatur, wie sie bei der Herstellung des „premier jus" und des Neutral=Lards üblich ist, wird die Giftigkeit dieser Stoffe nicht vermindert.

Es ist festgestellt, daß die größte Menge des in Deutschland zur Herstellung von Margarine verwendeten Oleomargarins (nach Angabe der Margarinefabrikanten etwa $^9/_{10}$ der Gesammtmenge) aus dem Auslande, insbesondere aus Amerika kommt, und daß das Neutral=Lard sogar ausschließlich von Amerika geliefert wird. Auf Grund der eigenen Erfahrungen des Kaiserlichen Gesundheitsamtes und der vorliegenden amtlichen und privaten Berichte (vergl. z. B. den Bericht einer Kommission des Senats von New=York im Sanitary Record vom 15. April 1884, Seite 499, und den englischen Parlamentsbericht „Correspondence respecting the Manufacture of Oleomargarine in the United States." London 1880, S. 15 und 16) muß es als erwiesen angesehen werden, daß wenigstens bis zur Mitte der achtziger Jahre in Amerika unter Verwendung gesundheitsschädlicher Fette Margarine hergestellt wurde, die den Anforderungen der öffentlichen Gesundheitspflege nicht entsprach. Inwieweit dies auch in Deutschland der Fall gewesen ist, läßt sich nicht mit Sicherheit nachweisen; das in den technischen Erläuterungen zu dem Entwurf des gegenwärtig geltenden Gesetzes erwähnte, dem Alfred Jean Huët aus Paris im Jahre 1882 ertheilte Patent Nr. 19011, welches die Gewinnung von Speisefett aus Schlachthausfett oder Rohtalg, Fettabfällen aus Schlächtereien, Abdeckereien, aus der Verarbeitung der Därme u. s. w. zum Gegenstand hat, scheint in Deutschland praktische Verwendung nicht gefunden zu haben, da es im Mai 1884 wegen Nichtzahlens der Patentgebühr erloschen ist. Immerhin hat sich feststellen lassen, daß auch die im Deutschen Reich bald nach der Einführung dieses neuen Fabrikationszweiges hergestellte Margarine vielfach von mangelhafter Beschaffenheit war.

2. Anwendung von Fetten, die mit Krankheitserregern infizirt sind.

Es ist bekannt, daß eine ganze Anzahl von ansteckenden Krankheiten der Schlachtthiere auf den Menschen übertragbar sind, sofern die diese Krankheiten hervorrufenden Bakterien in den menschlichen Organismus gelangen. Der Rohtalg von Thieren, die mit ansteckenden Krankheiten behaftet waren, wird in den meisten Fällen mit den Krankheitserregern infizirt sein. Bei dem Ausschmelzen des Talges bei so niedriger Temperatur (meist nicht mehr als 50^{0} C.), wie dies bei der Herstellung des „premier jus“ der Fall ist, kann auf die Abtödtung der krankheitserregenden Bakterien nicht mit Sicherheit gerechnet werden. Ueber das Verhalten einiger solcher Bakterien in dem filtrirten Margarinefette beim Erhitzen liegt eine Untersuchung von A. Scala und G. Alessi (Atti della Reale Accademia medica di Roma 1890/91, 16. Jahrgang, Bd. 5, S. 75) vor. Dieselbe ergab, daß bei vierundzwanzigstündigem Erhitzen des filtrirten Margarinefettes auf 40 bis 50^{0} C. zwar die Bazillen des Rotzes und der Streptococcus pyogenes zu Grunde gehen, daß aber die Milzbrandbazillen und der Staphylococcus pyogenes aureus dabei lebens- und entwicklungsfähig bleiben.

Durch diese Versuche wird bewiesen, daß auch das bei der Fabrikation der Margarine Verwendung findende Oleomargarin krankheitserregende Keime enthalten kann.

Ein klar schmelzendes Fett, wie das Oleomargarin, dem keine anderen in Wasser gelösten organischen Stoffe beigemischt sind, gilt als kein besonders guter Nährboden für die Mikroorganismen. Scala und Alessi geben an, daß die Milzbrandbazillen in dem filtrirten Margarinefette höchstens 27 Tage, der Staphylococcus pyogenes aureus höchstens 23 Tage entwickelungsfähig bleiben. Diese Versuche sind indessen zu gering an Zahl, um aus deren negativem Ausfall endgültige und bindende Schlüsse zu ziehen. Es wäre verfehlt, auf Grund der wenigen Versuche anzunehmen, daß jedes ursprünglich mit krankheitserregenden Keimen behaftete Oleomargarin nach etwa dreißigtägiger Lagerung frei von lebensfähigen Keimen der genannten Art sei. Auch der Umstand, daß es bisher noch nicht gelungen ist, entwickelungsfähige Krankheitserreger in dem amerikanischen Oleomargarin nachzuweisen, kann nicht als ausreichender Beweis dafür herangezogen werden, daß dieses Fett zu der Zeit, wo es in Deutschland auf Margarine verarbeitet wird, stets frei von diesen Keimen sei. Denn bisher ist hierüber nur eine Untersuchung von Max Jolles und Ferdinand Winkler (Zeitschrift für Hygiene und Infektionskrankheiten 1895, Bd. 20, S. 60) bekannt geworden, die allerdings das Ergebniß hatte, daß krankheitserregende Keime in dem Oleomargarin nicht gefunden wurden.

Ueber das Verhalten der Mikroorganismen in dem Neutral-Lard sind bis jetzt Untersuchungen nicht ausgeführt worden. Dagegen ist festgestellt, daß in dem gewöhnlichen Schweineschmalz krankheitserregende Keime längere Zeit lebensfähig bleiben. Da keine Veranlassung dazu vorliegt, anzunehmen, daß in dieser Beziehung das Neutral-Lard sich anders verhält als gewöhnliches Schweineschmalz, und da das Neutral-Lard bei niedriger Temperatur ausgeschmolzen zu werden pflegt, so ist die Gefahr vorhanden, daß das aus dem Fette von Schweinen, die an ansteckenden Krankheiten gelitten haben, dargestellte Neutral-Lard mit den Keimen der Krankheiten behaftet ist.

Bei dem Neutral-Lard ist neben den krankheitserregenden Bakterien auch noch auf thierische Parasiten des Schweines, insbesondere auf Trichinen und Finnen, Rücksicht zu nehmen. Die bei dem Ausschmelzen des Neutral-Lards angewandte verhältnißmäßig niedrige

Temperatur leistet keine Gewähr dafür, daß mit Sicherheit alle etwa darin vorhandenen thierischen Schmarotzer abgetödtet werden. Wenn das Neutral-Lard wirklich, wie angegeben wird, nur aus dem Liesenfett (Netz- und Eingeweidefett, in Amerika leaf lard genannt) des Schweines in sorgfältiger Weise hergestellt wird, so ist anzunehmen, daß es entwickelungsfähige Trichinen nicht enthält; denn dieses Fett ist frei von solchen Parasiten. Wird dagegen auch das Fett von anderen Körpertheilen des Schweines, z. B. Rücken- und Bauchspeck, auf Neutral-Lard verarbeitet, so können sehr wohl lebende Trichinen in dasselbe gelangen. Die Trennung des Fettes von dem Muskelgewebe läßt sich in diesem Falle kaum so vollständig erreichen, daß nicht auch Theile des Muskelgewebes in den Ausschmelzbottich gelangen können. Ebenso würden etwa vorhandene Finnen in das geschmolzene Neutral-Lard übergehen und bei der Temperatur des Ausschmelzens nicht sicher abgetödtet werden. Da nun das ausgeschmolzene Neutral-Lard nicht filtrirt, sondern nur abgelassen oder abgeschöpft wird, so können leicht kleine Theile von Muskelgewebe und Finnen in das fertige Neutral-Lard gelangen. Wenn in den Muskeltheilen lebende Trichinen vorhanden sind, so ist die Möglichkeit nicht ausgeschlossen, daß sie auch in dem Neutral-Lard ihre Lebensfähigkeit bewahren. Daß beim Ausschmelzen und Ablassen der Fette, wie sie allgemein üblich ist, wirklich Theile der Muskelsubstanz in dem fertigen Fette verbleiben können, ergiebt sich daraus, daß in der amerikanischen Margarine und dem dortigen Oleomargarin wiederholt Reste von Muskelgewebe gefunden worden sind.

Eine andere Infektionsquelle für die Margarine ist die bei ihrer Herstellung angewandte Milch. Die Milch ist ein ausgezeichneter Nährboden für die Bakterien; sie enthält mitunter nicht nur pathogene Mikroorganismen, die aus dem Körper kranker Kühe stammen (insbesondere Tuberkelbazillen); sie wird auch leicht mit Bakterien (z. B. der Cholera und des Typhus), infizirt, die nach dem Melken von außen in dieselbe gelangen. In Bezug hierauf ist aber die Margarine wahrscheinlich besser gestellt als die Naturbutter. Denn zur Herstellung der letzteren braucht man ganz beträchtlich mehr Milch als zur Herstellung der Margarine. In manchen Margarinefabriken wird das zur Darstellung der Margarine verwendete Milchpräparat, sei es Vollmilch, Magermilch oder Rahm, vorher mit der Absicht pasteurisirt, die in der Milch neben anderen Pilzen etwa vorhandenen krankheitserregenden Bakterien abzutödten; die pasteurisirte Milch pflegt dann mit einer sogenannten Reinkultur zur Säuerung angestellt zu werden. Bei der Darstellung der Butter ist das Pasteurisiren der Milch noch nicht allgemein eingeführt; in den großen Molkereien findet es wohl hier und da statt, aber nicht in den zahllosen kleinen bäuerlichen Wirthschaften. Es wäre indeß irrig, anzunehmen, daß man durch das Pasteurisiren der Milch nach den gegenwärtig in einigen Margarinefabriken und Molkereien üblichen Verfahren, bei denen die Milch nur kurze Zeit auf eine höhere Temperatur erhitzt wird, alle krankheitserregenden Keime abtödten könne. Dies wird erst dann gelingen, wenn man Pasteurisirapparate verwendet, in denen man die Milch längere Zeit auf höhere Temperatur erhitzen kann.

Daß die Naturbutter wirklich bisweilen krankheitserregende Keime enthält, beweist die Thatsache, daß O. Roth (Correspondenzblatt für Schweizer Aerzte 1894, Bd. 24, S. 521) unter 20 auf dem Markte gekauften Butterproben 2 und Brusaferro (Giornale di medicina veterinaria pratica. Torino 1890, Bd. 2 bis 3, S. 201; Baumgarten's Jahresbericht über die Fortschritte in der Lehre von den pathogenen Mikroorganismen 1890, Bd. 6, S. 271) unter 9 Butterproben 1 mit virulenten Tuberkelbazillen infizirt fand. Diese Untersuchungen bedürfen jedoch ebenfalls noch weiterer Nachprüfungen, bevor man daraus allgemeine Schlüsse auf die Häufigkeit solcher Fälle ziehen darf.

Wie groß die Gefahr für die menschliche Gesundheit beim Genusse von Butter ist, die lebensfähige Tuberkelbazillen enthält, muß vorläufig dahingestellt bleiben. Für die Infektion mit Tuberkulose von den Verdauungsorganen aus sind vornehmlich die Säuglinge empfänglich; diese bleiben aber bei der Ansteckungsgefahr durch Butter außer Betracht. Bei älteren Personen kommen Tuberkuloseansteckungen von den Verdauungswegen aus seltener vor, und diese wenigen Fälle dürfen keineswegs nur der Butter zur Last gelegt werden, da noch zahl= reiche andere Infektionsquellen vorhanden sind. Die Gefahr der Ansteckung mit Tuberkulose in Folge des Genusses von Butter scheint hiernach thatsächlich nicht groß zu sein.

Es ist von vornherein anzunehmen, daß die Naturbutter im Allgemeinen reicher an Bakterien ist als die Margarine. In dieser Richtung angestellte Versuche haben das vorher= gesehene Ergebniß gehabt. Franz Lafar (Archiv für Hygiene 1891, Bd. 13, S. 1) stellte durch eine Reihe von Versuchen fest, daß in 1 g Naturbutter (Süßrahmbutter) im Mittel 10 bis 20 Millionen Keime enthalten waren; in einem Falle fand er in 1 g Naturbutter sogar über 47 Millionen Keime, in anderen Fällen erheblich weniger. Die Mikroorganismen der Naturbutter bestanden ausschließlich aus Bakterien, und zwar stets aus mehr festwachsenden, als Gelatine verflüssigenden Arten. In 1 g Margarine fand Lafar dagegen nur 747000 Keime; sie bestanden aus Bakterien, Schimmelpilzen und Sproßpilzen.

Eingehendere Untersuchungen über den Keimgehalt des Oleomargarins, der Margarine und des Margarineschmalzes wurden ganz neuerdings von Max Jolles und Ferdinand Winkler (Zeitschrift für Hygiene und Infektionskrankheiten 1895, Bd. 20, S. 60) ausgeführt. Aus denselben ergiebt sich deutlich, daß der „premier jus" und das Oleomargarin verhältniß= mäßig bakterienarm sind, und daß die Margarine ihren höheren Keimgehalt wesentlich dem Milchzusatze verdankt. Frischer „premier jus" enthielt in 1 g 1994 Keime, frisches Oleo= margarin in 1 g 1363 Keime; beim Abpressen des Oleomargarins hat sich somit der Bakteriengehalt vermindert. Nachdem das Oleomargarin zwei Monate an der Luft gelegen hatte, enthielt es in 1 g 19656 Keime. Die fertige Margarine enthielt durchschnittlich in 1 g 4 bis 6 Millionen Keime, also weniger als Naturbutter, aber erheblich mehr als das Oleomargarin. Das Margarineschmalz, d. h. eine gelb gefärbte Mischung von Baumwollsamenöl und Oleo= margarin, enthielt in 1 g im Mittel noch nicht 500000 Keime. Das Ergebniß der erwähnten Untersuchungen kann hinsichtlich der größeren oder geringeren Gefährlichkeit von Butter und Margarine für die menschliche Gesundheit nicht ohne Weiteres als beweiskräftig angesehen werden, da nicht sowohl die Zahl, als vielmehr die Art der Keime für diese Frage ent= scheidend ist.

Die Lebensfähigkeit der krankheitserregenden Bakterien in der Naturbutter und in der fertigen Margarine darf bei der gleichen stofflichen Beschaffenheit dieser Speisefette als sehr ähnlich angesehen werden. Sowohl für die Margarine als namentlich auch für die Butter liegen diesbezügliche Versuche vor. A. Scala und G. Alessi (Atti della Reale Accademia di Roma 1890/91, 16. Jahrgang, Band 5, S. 75) fanden, daß Milzbrandbazillen mehr als 46 Tage in der Margarine entwickelungsfähig bleiben. Nach L. Heim (Arbeiten aus dem Kaiserlichen Gesundheitsamte 1889, Bd. 5, S. 247) sind in der Naturbutter die Bazillen des Typhus nach 21 Tagen, der Tuberkulose nach 30 Tagen und der Cholera nach 32 Tagen noch lebensfähig und nach Hugo Laser (Zeitschrift für Hygiene 1891, Bd. 10, S. 513) bewahren die genannten Krankheitserreger in der Butter etwa eine Woche ihre Lebensfähigkeit. G. Gasperini (Giornale della Reale Società Italiana d'Igiene 1890, Bd. 12, S. 1; Centralblatt für Bakteriologie und Parasitenkunde 1890, Bd. 7, S. 641) beobachtete in einer mit Tuberkelbazillen infizirten Naturbutter noch nach 120 Tagen entwickelungsfähige Tuberkelbazillen. Naturbutter und Margarine sind hiernach als nicht gerade ungeeignet für die Erhaltung der Lebensfähigkeit der ihnen beigemischten krankheitserregenden Keime anzusehen.

Aus den Erfahrungen in der Praxis ergiebt sich, daß von den Margarinesorten diejenigen, welche von den Margarinefabriken an die Händler zum Zweck des Verkaufs im Kleinen an das Publikum (in Ladengeschäften, Marktständen u. s. w.) abgegeben werden, wohl am wenigsten einer gesundheitsschädlichen Beschaffenheit verdächtig sind. Denn die aus verdorbenem Fett hergestellte Margarine ist nur wenig haltbar und unterliegt bald der Zersetzung. Da nun ein Vorzug der Margarine im Allgemeinen gegenüber der Butter in ihrer größeren Haltbarkeit liegt und dieser Umstand den Wiederverkäufern wohl bekannt ist, würde die Lieferung von leicht verderblicher Margarine bald zu Beanstandungen seitens der Händler führen. Thatsächlich wird nach Ausweis der Berichte der Nahrungsmittel-Untersuchungsanstalten nur selten verdorbene Margarine angetroffen.

Weit eher kann der Verdacht der Gesundheitsschädlichkeit bei einzelnen Arten solcher Margarine aufsteigen, die von den Fabriken unmittelbar an Gastwirthe und Bäcker zum Zweck der Verwendung in deren Gewerbebetriebe geliefert wird. Eine wirksame Kontrole ist hier sehr schwer zu handhaben, und das Bestreben mancher derartiger Gewerbetreibenden geht dahin, ein möglichst billiges Ersatzmittel für die Butter zu erhalten. Thatsache ist, daß seitens mancher Margarinefabriken eigens zum Zweck der unmittelbaren Lieferung an Gewerbetreibende minderwerthige Margarinesorten hergestellt werden.

Um die Verwendung ekelerregender, gesundheitsschädlicher oder mit krankheitserregenden Keimen infizirter Fette bei der Margarinefabrikation zu verhindern, ist der Vorschlag gemacht worden, die Margarinefabrikation einer ständigen sanitären Ueberwachung in Bezug auf die zur Verwendung kommenden Rohstoffe zu unterwerfen. Die im Inlande auf den Schlachthöfen großer Städte gewonnenen Fette müssen im Allgemeinen als hygienisch zulässig erachtet werden; dagegen besteht für einen Theil der ausländischen thierischen Fette der Verdacht der Gesundheitsschädlichkeit. Eine regelmäßige Kontrole aller eingeführten Fette wäre indessen nur schwer durchführbar und von fraglichem Werthe. Die bakteriologische Untersuchung der Fette auf krankheitserregende Keime würde nicht nur sehr zeitraubend sein, sondern auch sehr oft ein sicheres Ergebniß vermissen lassen. Abgesehen von der Feststellung des Verdorbenseins oder der Fäulniß und Zersetzung lassen sich durch die Untersuchung der Fette nur wenig Anhaltspunkte für die Beurtheilung finden. Es ist unmöglich, dem ausgeschmolzenen, noch nicht verdorbenen Fette anzusehen, ob es von einem gesunden, einem kranken oder einem gefallenen Thiere herrührt, oder ob es Neigung zum Verderben hat.

Fassen wir die vorstehenden Ausführungen zusammen, so ergeben sich folgende Schlußfolgerungen:

1. Margarine bildet, sofern sie aus einwandfreiem Material hergestellt und unter der ihrem Wesen entsprechenden Bezeichnung und zu mäßigen mit ihrem Werthe in Einklang stehenden Preisen in den Verkehr gebracht wird, ein nahrhaftes und schätzenswerthes Ersatzfett für Butter.

2. Die Möglichkeit, daß Margarine gesundheitsschädliche Eigenschaften annimmt, ist gegeben, wenn sie aus schlechtem Material hergestellt wird.

3. Die bisherigen Erfahrungen nöthigen nicht dazu, gegen den Vertrieb der unter ihrem richtigen Namen in den Handel gebrachten Margarine aus guten Stoffen einschneidende sanitäre Maßregeln zu ergreifen.

C. Ueber den Nachweis und die Bestimmung der Margarine in der Butter und der Butter in der Margarine.

Die Technik der Margarinefabrikation hat sich im Laufe der Jahre so vervollkommnet, daß die gegenwärtig in den Handel kommenden feineren Margarinesorten der Naturbutter täuschend ähnlich sehen; es ist kaum möglich, beide Erzeugnisse auf Grund der äußeren Beschaffenheit (Aussehen, Konsistenz, Farbe u. s. w.) zu unterscheiden. Selbst die Prüfung auf Geruch und Geschmack, die Kostprobe, führt in der Regel zu keinem bestimmten, entscheidenden Ergebniß. Es kann zwar zugestanden werden, daß manche praktischen Sachverständigen, wie Butterhändler und sonstige Butterinteressenten, die sich durch langjährige Erfahrungen ein besonders feines Unterscheidungsvermögen für Butter und Margarine angeeignet haben, im Stande sind, beide Erzeugnisse stets mit einer gewissen Sicherheit durch die Kostprobe zu unterscheiden. Dem großen Publikum, den Käufern, stehen solche Erfahrungen nicht zu Gebote. Alle praktischen Sachverständigen, auch die Margarinefabrikanten, sind darin einig, daß die Margarine in Bezug auf Feinheit des Geruchs und Geschmacks mit den feinen Buttersorten nicht in Wettbewerb treten kann und von dieser weit übertroffen wird; mit den geringeren Buttersorten kann sie dagegen den Vergleich sehr wohl aushalten.

Dieser Umstand ist für die Beurtheilung des unlauteren Wettbewerbes der Margarine gegenüber der Naturbutter nicht ohne Bedeutung. Die Margarine tritt aus dem angeführten Grunde nur als Konkurrent der billigeren Buttersorten auf. Die Käufer dieser Butter kennen meist das Aroma und den Geschmack der feinen Butter nicht, und wenn sie damit vertraut sind, so sehen sie im Hinblick auf den billigen Preis der geringeren Buttersorten absichtlich davon ab. Die Aehnlichkeit dieser letzteren und der Margarine macht es dem Käufer meist unmöglich, beide Fette von einander zu unterscheiden.

In Ermangelung eines sicheren äußeren Unterscheidungsmerkmals zwischen Naturbutter und Margarine ist man darauf angewiesen, nach gewissen chemischen und physikalischen Untersuchungsverfahren in Verdachtsfällen zu prüfen, ob Butter oder Margarine oder eine Mischung beider vorliegt. Während es nun auf diesem Wege ein Leichtes ist, reine Butter von reiner Margarine zu unterscheiden, ist die Entscheidung der Frage, ob in einem gegebenen Falle reine Naturbutter oder eine mit Magarine verfälschte Butter vorliegt, oft außerordentlich schwer und vielfach nicht mit Sicherheit zu treffen. Seit mehr denn 15 Jahren befassen sich die Nahrungsmittelchemiker in eingehendster Weise mit der Untersuchung der Butter auf Zusätze fremder Fette. Die Zahl der zu diesem Zwecke vorgeschlagenen Verfahren ist groß und das im Laufe dieser Zeit gesammelte Untersuchungsmaterial äußerst umfangreich und werthvoll.

Es kann nicht Aufgabe dieser technischen Erläuterungen sein, die Einzelheiten aller für die Untersuchung der Butter und der Margarine vorgeschlagenen Verfahren zu beschreiben, sowie alle Prüfungen und Veränderungen zu besprechen, denen diese Verfahren seitens der Chemiker unterzogen worden sind. Es genügt hier, die Grundzüge der Verfahren zu beschreiben und festzustellen, inwieweit sie ihren Zweck, den Nachweis fremder Fette in der Butter, erreichen; insbesondere wird es von Werth sei, nachzuweisen, bis zu welcher Grenze es nach dem gegenwärtigen Stande der Wissenschaft möglich ist, einen Zusatz von Margarine zur Butter oder von Butter zur Margarine aufzufinden.

Durch § 2, Absatz 1 des vorliegenden Gesetzentwurfes ist die Vermischung von Butter oder Butterschmalz mit Margarine oder anderen Speisefetten zum Zwecke des Handels mit diesen Mischungen verboten. Hiernach ist nicht nur der Zusatz von Margarine oder eines anderen Speisefettes zur Butter, sondern auch der Zusatz von Butter zur Margarine untersagt. Die zur Durchführung des Mischverbotes vorzunehmenden Untersuchungen haben folglich zwei verschiedene Zwecke zu verfolgen: den Nachweis und die Bestimmung fremder Fette in der Butter und den Nachweis und die Bestimmung eines Zusatzes von Butter zur Margarine. Die zu diesen Untersuchungen dienenden Verfahren sind im Allgemeinen dieselben; nur wird man, je nach dem Zweck, den man dabei im Auge hat, verschieden vorgehen.

Verfahren zur Untersuchung der Butter und der Margarine.

Die zur Prüfung der Butter auf fremde Fette und der Margarine auf einen Butter= zusatz vorgeschlagenen Verfahren beruhen theils auf physikalischen, theils auf chemischen Grund= lagen. Bei keinem anderen Nahrungsmittel wird von physikalischen Untersuchungsverfahren ein so ausgedehnter Gebrauch gemacht wie bei den Fetten; sie sollen hier zunächst besprochen werden. Es sei im Voraus bemerkt, daß sämmtliche im Folgenden angeführten Proben, mit Ausnahme der zuerst mitgetheilten Abschmelzprobe und eines Theiles der mikroskopischen Prüfung, an dem ausgeschmolzenen Butterfette beziehungsweise Margarinefette ausgeführt werden müssen. Es ist daher stets erforderlich, daß zunächst die Butter beziehungsweise die Margarine ausgeschmolzen wird; das vollkommen klar schmelzende, entwässerte Butter= bezw. Margarinefett wird zu den Untersuchungen verwendet.

1. Physikalische Verfahren zur Untersuchung der Butter und Margarine.

a) Von den empirischen Verfahren, die einer wissenschaftlichen Grundlage entbehren und nicht durch die verschiedene Beschaffenheit der einzelnen Fette bedingt sind, sei unter Ueber= gehung einer Reihe solcher, die bisher noch nicht hinreichend eingehend geprüft worden sind, nur die zuerst von Drouot (Industrie laitière 1887 Nr. 28) angegebene Abschmelzprobe angeführt. Dieselbe beruht auf der Beobachtung, daß beim Schmelzen im Wasserbade die Butter eine klare, die Margarine aber eine trübe Fettschicht liefert. Nach R. Lézé (Comptes rendus des Séances de l'Académie des Sciences 1891, Bd. 112, S. 813) soll dies daher rühren, daß die Margarine in Folge des Emulgirens der Fette mit der Milch vollständig mit feinen Luftbläschen durchsetzt sei, die beim Schmelzen der Margarine im Wasserbade nur langsam entweichen.

b) **Bestimmung des Schmelzpunktes und Erstarrungspunktes.** Die verschiedenen Fette haben, wie schon der Augenschein lehrt, einen sehr verschiedenen Schmelzpunkt. Ein Theil der Fette ist bei gewöhnlicher Temperatur flüssig und erstarrt erst bei niedrigeren Temperaturen; wir bezeichnen sie als Oele. Andere Fette sind bei gewöhnlicher Temperatur weich und salbenartig, wie das Gänse- und Schweineschmalz, Pferdefett u. s. w.; andere Fette sind hart und spröde, wie der Rinder- und Hammeltalg. Die Butter ist salbenartig weich. Den verschiedenen Schmelzpunkt der Fette hat man dazu benutzt, dieselben auf ihre Reinheit zu prüfen. Zu demselben Zwecke hat man sich auch der verschiedenen Schmelzpunkte der aus den Fetten abgeschiedenen Fettsäuren bedient.

c) **Bestimmung der Dichte (des spezifischen Gewichtes).** Je nach der Zusammensetzung der Fette ist die Dichte derselben eine verschiedene. Zur Bestimmung der Dichte bedient man sich des Dichtefläschchens (Pyknometers), der Westphal'schen Waage oder eigens für diesen Zweck bestimmter Senkwaagen (Aräometer); die Dichte der Fette wird theils im festen Zustande (bei 15° C.), meist aber im flüssigen Zustande bei 100° C. bestimmt.

d) **Bestimmung der Löslichkeit in verschiedenen Flüssigkeiten.** Die Bestandtheile der Fette sind in bestimmten Lösungsmitteln ungleich löslich; je nach der Art der Fette macht sich daher beim Behandeln derselben mit Lösungsmitteln ein verschiedenes Verhalten bemerkbar. Als derartige Lösungsmittel sind vorgeschlagen worden: Alkohol, Aether, Essigsäure, Petroleumäther (Petroleumbenzin), Phenol, Kumol, ferner Mischungen von Alkohol und Aether, Alkohol und Toluol, Aether und Amylalkohol in bestimmten Verhältnissen. Auch die Löslichkeit der aus den Fetten abgeschiedenen Fettsäuren hat man zur Prüfung der Fette herangezogen. Man verfährt dabei meist in der Weise, daß man eine bestimmte Menge des Fettes in einer bestimmten Menge des Lösungsmittels bei höherer Temperatur vollständig löst, die Lösung auf eine bestimmte Temperatur abkühlt und prüft, ob sich ein Theil des Fettes wieder abgeschieden hat; in diesem Falle stellt man die Menge des gelösten und des ungelösten Theiles fest. Andererseits geht man auch in der Weise vor, daß man die bei höherer Temperatur hergestellte vollkommene Lösung der Fette langsam abkühlt und die Temperatur bestimmt, bei der sich die Lösung durch Abscheiden des Fettes zu trüben beginnt. Für zwei Lösungsmittel, Essigsäure und Alkohol, hat die Bestimmung der Trübungstemperatur für die Butteruntersuchung eine gewisse Bedeutung gewonnen.

e) **Dialytische Untersuchung der Fette.** Von der Voraussetzung ausgehend, daß die in der Butter enthaltenen Glyceride der niederen Fettsäuren rascher durch eine durchlässige Membran diffundiren als die Glyceride der Oelsäure, Stearinsäure, Palmitinsäure u. s. w., wurde die Prüfung der Butter durch Dialyse vorgeschlagen. Eingehendere Versuche hierüber scheinen nicht angestellt worden zu sein.

f) **Mikroskopische Prüfung der Butter.** Man hat sowohl die fertige Butter als auch das ausgeschmolzene und wieder erstarrte Butterfett durch die mikroskopische Untersuchung von anderen Fetten zu unterscheiden versucht; selbst Mischungen der Butter mit anderen Fetten glaubte man auf diese Weise erkennen zu können. Das mikroskopische Verfahren, bei dem man sich auch des Polarisationsmikroskopes bediente, fand zwar anfänglich den Beifall der Nahrungsmittelchemiker, es hat sich aber nicht bewährt und ist jetzt vollständig verlassen.

g) **Prüfung der Fette mit dem Refraktometer.** Das Brechungsvermögen der

Fette ist je nach ihrer Zusammensetzung verschieden. Nachdem im Jahre 1886 Alexander Müller (Archiv der Pharmazie 1886, Bd. 224, S. 210) darauf hingewiesen hatte, daß die Bestimmung der Brechungsexponenten bei der Butteruntersuchung gute Dienste leisten könne, nahm sich namentlich J. Skalweit dieses Verfahrens an. Anfangs bediente man sich des gewöhnlichen Abbé'schen Refraktometers zur Bestimmung des Brechungsexponenten der Fette; später wurden besondere Apparate für die Butteruntersuchung hergestellt: das Butter-Refraktometer von Wollny, das von Zeiß in Jena verfertigt wird und in Deutschland, Oesterreich u. s. w. in Gebrauch ist, und das Oleo-Refraktometer von Jean, das in Frankreich verbreitet ist. Beide Apparate haben besondere, von einander abweichende Eintheilungen. Das Refraktometer kam sehr bald bei den Nahrungsmittelchemikern in Aufnahme und ist von vielen Seiten geprüft worden.

h) Die Oleogrammeterprobe von Brullé. Manche Fette haben die Eigenschaft, beim Behandeln mit rauchender Salpetersäure unter dem Einflusse der darin enthaltenen salpetrigen Säure zu erhärten. Zu diesen Fetten gehört auch das Oleomargarin, während die Butter dabei sehr weich bleibt. Zur Bestimmung der Härte der mit rauchender Salpetersäure behandelten Fette bediente sich R. Brullé, der Entdecker dieses Verfahrens, des Oleogrammeters (Comptes rendus des Séances de l'Academie des Sciences 1893, Bd. 116, S. 1255). Dasselbe besteht aus einem Glasstab, an dessen einem Ende eine Metallplatte befestigt ist. Das andere freie Ende des Glasstabes wird auf das erhärtete Fett aufgesetzt und die Metallplatte so lange mit Gewichten belastet, bis der Glasstab in das Fett einsinkt. Hierzu bedarf es bei Margarine mehrerer Kilogramme, bei Butter meist nur einiger 100 Gramme. Die Brullé'sche Oleogrammeterprobe erregte großes Aufsehen und das Interesse der Molkerei-Interessenten; sie hat sich aber nicht so bewährt, wie man auf vielen Seiten erwartet hatte.

i) Die viskosimetrische Prüfung der Butter. Die Zeit, die gleiche Raumtheile verschiedener Flüssigkeiten gebrauchen, um aus der feinen Oeffnung eines und desselben Gefäßes auszufließen, ist verschieden, weil die Zähigkeit (Viskosität) derselben eine ungleiche ist. Auch Butter und Margarine haben eine verschiedene Auslaufszeit, und zwar fließt das Butterfett rascher aus als das Margarinefett. Hierauf gründete ganz neuerdings C. Killing sein viskosimetrisches Verfahren der Butterprüfung (Zeitschrift für angewandte Chemie 1894, S. 643 und 1895, S. 102). Auch dieses Verfahren ist schon von verschiedenen Seiten geprüft worden.

2. Chemische Verfahren zur Untersuchung von Butter und Margarine.

Die Butter unterscheidet sich von allen übrigen Fetten, die gewerbsmäßig in großen Mengen hergestellt werden und bei der Verfälschung der Butter Verwendung finden können, durch ihren Gehalt an Glyceriden flüchtiger, niederer Fettsäuren (Buttersäure, Kapronsäure, Kaprylsäure, Kaprinsäure). Eine Ausnahme bis zu einem gewissen Grade machen nur das Kokosnußfett und das Palmkernöl, die ebenfalls eine größere Menge Glyceride flüchtiger Fettsäuren enthalten, aber doch nur etwa ein Drittel bis ein Viertel so viel als das Butterfett. Auf diese Eigenthümlichkeit in der Zusammensetzung des Butterfettes gründet sich die Mehrzahl der Verfahren zur Prüfung der Butter auf fremde Fette.

a) Bestimmung der unlöslichen Fettsäuren. Während die meisten Fette nur aus den Glyceriden nichtflüchtiger, in Wasser unlöslicher Fettsäuren bestehen, enthält die Butter neben diesen noch erhebliche Mengen Glyceride flüchtiger, in Wasser löslicher Fettsäuren; der Gehalt der Butter an unlöslichen Fettsäuren muß daher geringer sein als der übrigen Fette. Hierauf bauten Otto Hehner und Arthur Angell (Chemical News 1874, Bd. 30, S. 227) bereits im Jahre 1874 das erste wissenschaftlich begründete Butterprüfungsverfahren auf. Zur Ausführung des Verfahrens wird eine abgewogene Menge Butterfett mit einem Alkali verseift, die entstandene Butterseife durch Schwefelsäure zersetzt und die dadurch freigemachten Fettsäuren mit heißem Wasser ausgewaschen, getrocknet und gewogen.   .

b) Bestimmung der flüchtigen Fettsäuren. Nachdem Hehner und Angell (Chemical News 1874, Bd. 30, S. 227) auf den hohen Gehalt der Butter an flüchtigen Fettsäuren aufmerksam gemacht, aber die unmittelbare Bestimmung derselben als unzweckmäßig bezeichnet hatten, gab E. Reichert (Zeitschrift für analytische Chemie 1879, Bd. 18, S. 68) zuerst ein Verfahren zur Bestimmung der flüchtigen Fettsäuren in der Butter an. Dasselbe wurde später von E. Meißl (Dingler's polytechnisches Journal 1879, Bd. 233, S. 229), R. Sendtner (Archiv für Hygiene 1888, Bd. 8, S. 424) und R. Wollny (Milchzeitung 1887, Bd. 16, S. 609, 630 und 651) zweckmäßig verändert und verbessert. Zur Bestimmung der flüchtigen Fettsäuren werden genau 5 g Butterfett abgewogen, mit alkoholischer Kalilauge verseift, die von Alkohol befreite, eingetrocknete Seife in 100 ccm destillirtem Wasser gelöst, mit 40 ccm verdünnter Schwefelsäure (25 ccm konzentrirte Schwefelsäure in Wasser zu 1 Liter gelöst) versetzt und die flüchtigen Fettsäuren abdestillirt. Man fängt 110 ccm Destillat auf und titrirt dasselbe mit Zehntel-Normal-Alkali. Die hierbei verbrauchte Anzahl Kubikzentimeter Zehntel-Normal-Alkali bezeichnet man als Reichert-Meißl'sche Zahl.

Das Verfahren zur Bestimmung der flüchtigen Fettsäuren in der Butter ist außerordentlich oft angewandt und geprüft worden. Außer den schon erwähnten Abänderungen ist noch eine ganze Anzahl anderer in Vorschlag gebracht worden. Zum Verseifen des Butterfettes sind an Stelle der alkoholischen Alkalilauge Lösungen von Alkali in Wasser, Methylalkohol und Glycerin empfohlen worden; ferner hat man das Butterfett durch konzentrirte Schwefelsäure verseift. Weiter ist vorgeschlagen worden, die Gesammtmenge der flüchtigen Fettsäuren durch Einleiten von Wasserdampf überzudestilliren. Auch hat man versucht, die Kupfer- und Baryumsalze der Fettsäuren der Butter darzustellen, die löslichen Kupfer- beziehungsweise Baryumsalze von den unlöslichen zu trennen und den Gehalt der in Wasser löslichen Salze an flüchtigen Fettsäuren zu bestimmen. Von diesen Abänderungsvorschlägen haben nur einzelne den Beifall der Chemiker gefunden; dagegen wird die Bestimmung der flüchtigen Fettsäuren auch jetzt noch als das werthvollste und bedeutungsvollste Butterprüfungsverfahren angesehen.

c) Bestimmung der löslichen Fettsäuren. Die flüchtigen Fettsäuren der Butter sind gleichzeitig in Wasser löslich, die nichtflüchtigen Fettsäuren in Wasser unlöslich. Man kann daher auch durch Bestimmung der in Wasser löslichen Säuren einen Einblick in den Gehalt eines Fettes an niederen Fettsäuren gewinnen. Man hat schon bald nach dem Bekanntwerden des Hehner'schen Verfahrens die Bestimmung der in Wasser löslichen Fettsäuren mit der der unlöslichen Fettsäuren verbunden; neuerdings wurde ein ganz ähnliches Verfahren von A. Zega (Chemiker-Zeitung 1895, Bd. 19, S. 504) beschrieben. Schon vorher empfahl Br. Röse (Zeitschrift für angewandte Chemie 1888, S. 295 und 1889, S. 30) die Bestimmung der in verdünntem Alkohol löslichen Fettsäuren zur Prüfung der Butter.

Gewissermaßen nur eine andere Ausführungsweise der Bestimmung der in Wasser löslichen, niederen Fettsäuren bildet ein von G. Fritsch (Chemiker-Zeitung 1890, Bd. 14, S. 364) und bald darauf von J. König und F. Hart (Zeitschrift für analytische Chemie 1891, Bd. 30, S. 292) vorgeschlagenes Verfahren. Da die wasserlöslichen Fettsäuren auch wasserlösliche Baryumsalze bilden, führen die genannten Chemiker die Fettsäuren der Butter in die Baryumsalze über, trennen die löslichen Baryumsalze von den unlöslichen und bestimmen den Baryumgehalt der ersteren.

d) **Bestimmung der Verseifungszahl.** Je höher das Molekulargewicht einer Fettsäure ist, um so weniger Alkali bedarf sie zur Neutralisation, und umgekehrt, je niedriger das Molekulargewicht einer Fettsäure ist, um so mehr Alkali ist zu ihrer Sättigung nothwendig. Die Stearinsäure ist z. B. eine Fettsäure von hohem, die Buttersäure eine solche von niedrigem Molekulargewicht; 1 g Kaliumhydrat vermag nur 1,57 g Buttersäure, dagegen 5,07 g Stearinsäure zu neutralisiren. Hieraus folgt, daß zur Sättigung der Fettsäuren eines Fettes, das nur unlösliche, nichtflüchtige, höhere Fettsäuren enthält, weniger Alkali gebraucht wird als bei einem Fette, das daneben noch flüchtige, niedere Fettsäuren enthält. Ebenso liegen die Verhältnisse beim Verseifen der Fette mit Alkalilösungen von bekanntem Gehalte; zum Verseifen eines niedrige Fettsäuren enthaltenden Fettes ist mehr Alkali nothwendig, als zum Verseifen der gleichen Gewichtsmenge eines Fettes, das frei ist von niedrigen Fettsäuren.

Auf diese Erwägungen gründete J. Köttstorfer (Zeitschrift für analytische Chemie 1879, Bd. 18, S. 199 und 431) sein Verfahren zur Bestimmung der Verseifungszahl der Fette. 1 bis 2 g des Fettes werden mit einer gemessenen Menge einer alkoholischen Kalilauge von bekanntem Gehalt verseift und hierauf das überschüssige, nicht an Säuren gebundene Kali mit Halb-Normal-Salzsäure zurücktitrirt. Die zur Verseifung von 1 g Fett erforderliche Anzahl Milligramme Kaliumhydrat bezeichnet man als die Verseifungszahl oder die Köttstorfer'sche Zahl des Fettes. Die Verseifungszahl bietet oft eine ausgezeichnete Handhabe für die Beurtheilung der Fette.

e) **Bestimmung der Jodzahl.** Alle Fette vermögen aus einer alkoholischen Jodlösung, welche gleichzeitig Jodkalium und Quecksilberchlorid enthält, eine gewisse Menge Jod aufzunehmen. Der in der Mischung dieser Jodlösung mit den Fetten sich abspielende Vorgang ist ziemlich verwickelt; das Jod verschwindet dabei als solches vollständig.

Zur Bestimmung des Jodaufnahmevermögens löst man eine kleine abgewogene Menge des Fettes in Chloroform und versetzt die Lösung mit einer gemessenen Menge einer Jodkalium enthaltenden alkoholischen Sublimat-Jodlösung von bekanntem Gehalte. Nach mehrstündigem Stehen titrirt man das überschüssige Jod mit Zehntel-Normal-Natriumthiosulfatlösung zurück. Die Anzahl Gramme Jod, welche 100 g eines Fettes aufzunehmen vermögen, bezeichnet man als Jodzahl des Fettes.

Die Beurtheilung des Werthes der Verfahren zur Untersuchung der Butter und der Margarine.

Von den physikalischen Prüfungsverfahren für Butter und Margarine sind die Abschmelzprobe, die Bestimmung des Schmelz- und Erstarrungspunktes und der Dichte (des spezifischen Gewichtes) nur als Vorproben anzusehen. Die dialytische Untersuchung der Fette ist bisher noch nicht Gegenstand eingehenderer Versuche gewesen, und die mikroskopische Prüfung hat sich in keiner Weise bewährt. Weit bessere Dienste leistet in manchen Fällen die Bestimmung der Löslichkeit der Fette in gewissen Lösungsmitteln, insbesondere auch die Bestimmung der Trübungstemperaturen der Lösungen der Fette in Essigsäure und Alkohol. Von der refrakto= metrischen Prüfung der Butter versprach man sich anfänglich die größten Erfolge; es hat sich aber gezeigt, daß auch diese Probe unsichere Ergebnisse liefert und daß sie im Allgemeinen nur den Werth einer, allerdings schätzbaren Vorprobe hat. Zu demselben Ergebnisse gelangte man auch bei der Prüfung des viskosimetrischen Untersuchungsverfahrens, das auch nur dazu dienen kann, aus den zur Untersuchung vorliegenden Butterproben die einer Fälschung verdächtigen Proben auszusondern. Die Oleogrammeterprobe ist zwar erst von Wenigen geprüft worden; die im Gesundheitsamt angestellten zahlreichen Versuche (vergl. Eug. Sell, Arbeiten aus dem Kaiserlichen Gesundheitsamt 1895, Bd. 11, S. 472) haben aber schon jetzt dargethan, daß auch dieses Verfahren die seitens der Molkerei=Interessenten auf dasselbe gesetzten Hoffnungen nicht rechtfertigt.

Von den physikalischen Butterprüfungsverfahren dürften diejenigen ein besonderes Interesse beanspruchen, die so einfach sind und einer so geringen Geschicklichkeit des Ausführenden und so einfacher Apparate bedürfen, daß sie von jedermann leicht, sicher und schnell ausgeführt werden können. Unter den Verfahren, die auf einer anerkannten wissenschaftlichen Grundlage beruhen, finden sich solche nicht, wohl aber unter den empirischen Verfahren, die einer wissen= schaftlichen Begründung entweder ganz entbehren oder auf unsicherer, schwankender Grundlage aufgebaut sind. Es wird zwar Niemandem der Gedanke kommen, die Butter einzig und allein auf ein solches Verfahren hin beurtheilen zu wollen. Immerhin wäre ein solches Verfahren, wenn es Anspruch auf Sicherheit hätte, von großem Werthe. Denn es wäre nicht allein den Butterhändlern und den Butterkäufern die Möglichkeit geboten, ihre Waare auf ihre Reinheit ohne nennenswerthe Kosten zu prüfen, sondern auch dem Nahrungsmittelchemiker würde seine Aufgabe wesentlich erleichtert, indem er mit Hülfe eines solchen Verfahrens die echten Butter= proben von den verfälschten sondern könnte und nur die einer Fälschung verdächtigen Proben einer eingehenderen Untersuchung zu unterziehen brauchte.

Wie schon vorher erwähnt, giebt es eine ganze Anzahl derartiger einfacher Verfahren; von den wenigsten ist auch nur versucht worden, den Beweis zu erbringen, daß sie wirklich eine gewisse Sicherheit der Beurtheilung bieten. Wer ein solches Verfahren, sei es durch Nach= denken, sei es durch Zufall, findet, beschränkt sich meist darauf, einige Butterproben, oft noch dazu desselben Ursprungs, und nur wenige Margarineproben nach dem Verfahren zu prüfen; auf diese Versuche hin wird dann oft das Verfahren als durchaus sicher und zweifelfrei bezeichnet. Wenn dasselbe dann mit anderen Butter= und Margarinesorten nachgeprüft wird, ergiebt sich in der Regel, daß es sich nicht in allen Fällen bewährt.

An ein allgemein anwendbares empirisches Verfahren muß man zwei Anforderungen stellen: 1. es muß unter allen Umständen die Mischung von Butter und Margarine bis zu einem gewissen Grade erkennen lassen, und 2. reine Naturbutter darf nicht in den Verdacht gebracht werden, daß sie Mischbutter oder Margarine sei. Für die Prüfung der Butter von Seiten des Publikums sind diese beiden Bedingungen unerläßlich. Für die Zwecke des chemischen Sachverständigen kann die zweite Bedingung fallen gelassen werden; denn dieser wird die Butterproben, die sich nach Maßgabe der empirischen Vorprobe als verdächtig erwiesen haben, noch einer eingehenden wissenschaftlichen Untersuchung unterwerfen und feststellen, ob der Verdacht gerechtfertigt ist oder nicht. Dagegen kann auch der Chemiker auf die erste Be=

dingung nicht verzichten, wenn die Vorprobe für ihn Werth haben soll. Denn dieser besteht nur darin, daß die Vorprobe es ermöglicht, die unverfälschten Butterproben auszusondern und deren eingehendere Untersuchung unnöthig zu machen.

Von allen empirischen Vorproben ist nur die Drouot'sche Abschmelzprobe einer umfassenden Prüfung an zahlreichen Butterproben unterzogen worden. Zur Ausführung der Abschmelzprobe bringt man einen Theil der Butter in eine Porzellanschale und läßt sie auf dem Wasserbade bei etwa 50° C. schmelzen; Naturbutter soll hierbei eine klare, Margarine eine trübe Fettschicht liefern. Die Probe kann auch in einem Probirröhrchen ausgeführt werden; zum Vergleiche prüft man daneben in einem zweiten Probirröhrchen eine Butterprobe, von der man weiß, daß sie klar abschmilzt.

Das Drouot'sche Abschmelzverfahren wurde im Kaiserlichen Gesundheitsamte an mehr als 200 Butterproben, von deren Reinheit man überzeugt sein konnte, und an einer Reihe von Margarinesorten geprüft. Die Prüfung hatte ein günstiges Ergebniß; denn alle Butterproben, die aus verschiedenen Theilen Deutschlands stammten und theils Sommerbutter, theils Winterbutter waren, schmolzen klar ab, während die aus verschiedenen Margarinefabriken stammenden Margarinesorten trüb abschmolzen.

Diese günstigen Ergebnisse hätten zu der Ansicht führen können, daß das Abschmelzverfahren wenigstens geeignet sei, Naturbutter und Margarine in einfacher Weise zu unterscheiden; denn daß es nicht gestatten würde, kleinere Zusätze von Margarine zur Butter und selbst große Zusätze von Butter zur Margarine zu erkennen, war vorauszusehen. Diese Ansicht wäre indessen irrig gewesen. O. Hehner (Analyst 1892, Bd. 17, S. 101) untersuchte 370 Proben Naturbutter und Mischbutter nach dem Drouot'schen Abschmelzverfahren mit folgendem Ergebniß: von 223 Proben echter Butter schmolzen 162 (gleich 72,6 vom Hundert) klar und 61 (gleich 27,4 vom Hundert) trübe; von 147 gefälschten Butterproben schmolzen 66 (gleich 44,2 vom Hundert) klar und 81 (gleich 55,8 vom Hundert) trübe. Hiernach ist die Abschmelzprobe trügerisch.

Unter den chemischen Verfahren der Butterprüfung ist die Bestimmung der Jodzahl im Allgemeinen nur von geringer Bedeutung; in gewissen Fällen thut sie indessen doch gute Dienste. Ueber die Bestimmung der in Wasser u. s. w. löslichen Fettsäuren liegen noch zu wenig Erfahrungen vor, um entscheiden zu können, ob sie dasselbe zu leisten vermag, wie die übrigen chemischen Verfahren. Dagegen bilden die Verfahren zur Bestimmung der flüchtigen Fettsäuren, der unlöslichen Fettsäuren und der Verseifungszahl das hauptsächlichste Rüstzeug des Chemikers bei der Butteruntersuchung. Sie sind zwar die ältesten, auf wissenschaftlicher Grundlage beruhenden Prüfungsverfahren für Butter, sie sind aber durch die seitdem zahlreich in den Dienst der Butterprüfung gestellten physikalischen Verfahren nicht in den Hintergrund gedrängt oder in ihrem Werth gemindert worden. Die übrigen Verfahren der Butteruntersuchung leisten daneben zum Theil Gutes als Vorproben und als Mittel zur Orientirung; auch sind sie zur Entscheidung mancher Fragen in Betreff der Zusammensetzung von verdächtigen Buttersorten unentbehrlich und zur Erlangung sich gegenseitig ergänzender Bewerthungsmerkmale für die Beurtheilung der Butter und Margarine von Werth.

Die Grenzen der Nachweisbarkeit der Margarine in der Butter und der Butter in der Margarine.

Die Verfahren zur Untersuchung der Butter haben in Folge der regen und sorgfältigen Bearbeitung, welche ihnen die Chemiker seit etwa 15 Jahren angedeihen ließen, großentheils einen hohen Grad der Vollkommenheit erlangt. Wenn es bei der Butteruntersuchung nur auf die Genauigkeit und die technische Vollendung der Verfahren ankäme, so wäre die Beurtheilung der Butter eine leichte Aufgabe. Die Ursache dafür, daß die Beurtheilung der Butter gleichwohl zu den schwierigsten und bei geringgradigen Fälschungen fast unlösbar scheinenden Aufgaben zählt, ist zunächst in der außerordentlich schwankenden Zusammensetzung der Naturbutter zu suchen. Während die übrigen thierischen und pflanzlichen Fette eine mehr gleichbleibende chemische Zusammensetzung zeigen, ist in Folge der eigenartigen, von der des übrigen thierischen Fettes gänzlich abweichenden Entstehungsweise des Butterfettes das Mengenverhältniß der dasselbe bildenden Fettsäureglyceride in höherem Maaße schwankend. Gerade die Bestandtheile, die dem Butterfette eigenthümlich sind und die dasselbe fast von allen übrigen, dem Pflanzen- und Thierreiche entstammenden Fetten unterscheiden, die Glyceride der niederen, flüchtigen, in Wasser löslichen Fettsäuren, auf deren Anwesenheit in dem Butterfett alle vorher mitgetheilten chemischen Untersuchungsverfahren, mit Ausnahme der Bestimmung der Jodzahl, sich gründen, unterliegen verhältnißmäßig großen Schwankungen. Auch die physikalischen Untersuchungsverfahren werden hierdurch beeinträchtigt. Die Mengenverhältnisse der übrigen Butterbestandtheile unterliegen ebenfalls Schwankungen, die sich bei der Untersuchung fühlbar machen.

Die Zusammensetzung des Butterfettes ist von zahlreichen Umständen abhängig. Es hat sich ergeben, daß namentlich die Jahreszeit, die Lebensweise der Kühe (Stall oder Weidegang), die Art der Fütterung, das Laktationsalter, d. h. die Länge der seit dem Kalben verflossenen Zeit, großen Einfluß haben.

Bietet schon die schwankende Zusammensetzung des Milchbutterfettes der Untersuchung erhebliche Schwierigkeiten, so kommt bei der Prüfung der Mischbutter noch die wechselnde Beschaffenheit der Margarine in Betracht. Die Margarine ist ein Kunstprodukt, dessen Zusammensetzung nach dem Belieben des Fabrikanten gestaltet werden kann. Für die Margarinefabrikation besteht kein Zwang in der Richtung, daß dabei nur bestimmte Fette Verwendung finden dürften. Vielmehr kann der Margarinefabrikant zur Herstellung seines Erzeugnisses jedes beliebige Fett des Thier- und Pflanzenreiches heranziehen; nur das Milch- oder Butterfett ist nach Maßgabe des jetzt geltenden Margarinegesetzes und des vorliegenden Gesetzentwurfes davon ausgeschlossen. Es ist zwar bekannt, welche Fette und Oele bei der Herstellung der Margarine zur Zeit verwendet werden; nichts hindert aber den Fabrikanten daran, einzelne der gegenwärtig von ihm benutzten Fette und Oele auszuscheiden und durch andere zu ersetzen, sei es, daß er dadurch eine Verbesserung seines Erzeugnisses erzielen will, sei es, daß er andere Zwecke im Auge hat. Wie sich aus diesen Darlegungen ergiebt, muß der Chemiker damit rechnen, daß zur Bereitung der Margarine alle zur Zeit gewerbsmäßig in großem Maßstabe hergestellten Fette und Oele verwendet sein können.

a) Die Grenze der Nachweisbarkeit der Margarine in der Butter.

Bei dem Nachweis kleinerer Mengen Margarine in der Butter kommt naturgemäß die schwankende Zusammensetzung des Butterfettes mehr in Betracht als die verschiedenartige Beschaffenheit der Margarinesorten des Handels, weil hier das Butterfett die Hauptmenge der Mischung ausmacht.

Wenn eine Mischbutter zur Untersuchung vorliegt und daneben auch die Naturbutter und die Margarine, aus denen die Mischbutter hergestellt ist, so läßt sich durch die Untersuchung dieser drei Fette nebeneinander das Mengenverhältniß der Naturbutter und der Margarine in der Mischbutter mit hinreichender Genauigkeit feststellen; denn die durch Zahlen ausdrückbaren Eigenschaften der Mischung zweier Fette sind gleich dem arithmetischen Mittel der bezüglichen Eigenschaften der beiden unvermischten Fette. Indeß kommt der günstige Fall, daß die Bestandtheile einer zu untersuchenden Mischbutter im unvermischten Zustande dem Chemiker zur Verfügung stehen, nur selten vor. Fast immer besteht die Aufgabe darin, Mischbutter zu untersuchen, deren Komponenten nicht zur Hand sind. In diesem Falle ist es nicht möglich, den Margarinegehalt genau oder auch nur annähernd mit Sicherheit zahlenmäßig anzugeben. Die bei der Untersuchung von reinen Buttersorten verschiedener Abstammung gewonnenen Zahlen sind bei allen Verfahren in Folge der wechselnden Zusammensetzung der Butter so schwankend, daß man nicht in der Lage ist, für alle Buttersorten gültige Normalzahlen festzusetzen. Um aus den bei der Untersuchung der Mischbutter gewonnenen Zahlen den Gehalt an Margarine zu berechnen, müßte man auch für die Margarine im Besitze von allgemein gültigen Normalzahlen sein; dies trifft aber ebenfalls nicht zu. Trotzdem hat man wiederholt versucht, derartige Normalzahlen für Butter und Margarine anzunehmen und Formeln aufzustellen, nach denen es möglich sein sollte, den Gehalt der Mischbutter an Margarine zahlenmäßig zu bestimmen.

Die folgenden Beispiele mögen lehren, daß eine derartige Berechnung des Margarinegehaltes unzulässig ist und zu großen Täuschungen Veranlassung geben kann. R. Sendtner (Archiv für Hygiene 1888, Bd. 8, S. 424) nahm als Mittelwerth der Reichert=Meißl'schen Zahl (d. h. der Kubikzentimeter Zehntel=Normal=Alkali, die zur Sättigung der flüchtigen Fettsäure aus 5 g Butterfett erforderlich sind) für Butter 27,7 ccm, für Margarine 0,7 ccm an. Unter Zugrundelegung dieser Normalwerthe ergiebt sich für die Berechnung des Gehaltes einer Mischbutter an Margarine die Formel:

$$M = 102{,}6 - 3{,}7 \, n.$$

Darin bedeutet:

M die Gewichtstheile Margarine in 100 Gewichtstheilen Mischbutter,
n die Reichert=Meißl'sche Zahl der Mischbutter.

Die Reichert=Meißl'sche Zahl der reinen Naturbutter schwankt im Allgemeinen zwischen 24 und 32. Man habe nun zwei Buttersorten zur Verfügung, deren Reichert=Meißl'schen Zahlen den genannten Grenzwerthen von 24 und 32 gleichkommen, und versetze 100 Gewichtstheile einer jeden Probe mit je 25 Gewichtstheilen einer Margarine, deren Reichert=Meißl'sche Zahl gleich 1 ist; beide entstehenden Mischbutterproben enthalten hiernach 20 vom Hundert Margarine.

Die Reichert=Meißl'sche Zahl der Mischbutterproben läßt sich genau berechnen, da die entsprechenden Werthe für ihre Bestandtheile bekannt sind. Die Rechnung ergiebt für die erste Mischbutter, die unter Verwendung der Naturbutter mit der Reichert=Meißl'schen Zahl 24 hergestellt wurde, die Zahl 19,4, für die andere Mischbutter die Zahl 25,8; diese Zahlen wird man bei der wirklichen Bestimmung der flüchtigen Fettsäuren bestätigt finden.

Berechnet man nun mit Hülfe der Formel aus den gefundenen Reichert-Meißl'schen Zahlen den Gehalt der Mischbutterproben an Margarine, so ergiebt sich Folgendes:

1. Für die Mischbutter mit der Reichert-Meißl'schen Zahl 19,4 ist in der Formel $n = 19{,}4$ zu setzen; dann wird:

$$M = 102{,}6 - 3{,}7 \cdot 19{,}4 = 30{,}8 \text{ vom Hundert,}$$

d. h. auf Grund der Formel berechnet man 30,8 Gewichtstheile Margarine in 100 Gewichtstheilen Mischbutter, während sie in Wirklichkeit nur 20 Gewichtstheile enthält.

2. Für die Mischbutter mit der Reichert-Meißl'schen Zahl 25,8 hat man in der Formel $n = 25{,}8$ zu setzen; dann wird:

$$M = 102{,}6 - 3{,}7 \cdot 25{,}8 = 7{,}1 \text{ vom Hundert,}$$

d. h. aus der Berechnung nach Maßgabe der Formel ergiebt sich ein Margarinegehalt der Mischbutter von 7,1 vom Hundert, während sie in Wirklichkeit 20 vom Hundert Margarine enthält.

Man findet somit unter Zugrundelegung der vorher mitgetheilten Formel in zwei Mischbutterproben, die in Wirklichkeit beide 20 vom Hundert Margarine enthalten, einmal 30,8, das andere Mal 7,1 vom Hundert Margarine. Wenn die Formel der Wirklichkeit entspräche, müßte man durch Einsetzen der Reichert-Meißl'schen Zahl von Naturbutter den Werth von M, den Margarinegehalt, gleich Null finden. Dies ist aber nicht der Fall. Setzt man für n die oben angeführten Grenzzahlen der Reichert-Meißl'schen Zahl, 24 beziehungsweise 32, so findet man im ersten Falle $M = 13{,}8$, d. h. einen Margarinegehalt von 13,8 vom Hundert, trotzdem die Butter rein ist. Für $n = 32$ wird dagegen $M = -15{,}8$; man findet also für den Margarinegehalt eine negative Zahl, d. h. ein sinnwidriges Ergebniß. Die Formel kann nur dann zu einer genauen Berechnung des Margarinegehaltes einer Mischbutter herangezogen werden, wenn die zur Herstellung der Mischbutter verwendete Naturbutter wirklich eine Reichert-Meißl'sche Zahl von 27,7 hat; ist sie annähernd so groß, so läßt sich der Margarinegehalt der Mischbutter annähernd berechnen, weicht sie dagegen von der Sendtner'schen Normalzahl stark ab, so sind die daraus berechneten Margarinewerthe nicht brauchbar. Die in den Beispielen angeführten hohen und niedrigen Reichert-Meißl'schen Zahlen (32 beziehungsweise 24) sind noch keineswegs als Grenzzahlen für reine Naturbutter anzusehen; man hat vielmehr sowohl solche beobachtet, deren Reichert-Meißl'sche Zahl höher war, als auch namentlich zweifellos reine Proben, deren Reichert-Meißl'sche Zahlen sogar unter 20 lagen. Bei solchen, glücklicherweise selten vorkommenden Fällen würde die mitgetheilte Formel in besonders hohem Maße zu Täuschungen Veranlassung geben; in einer reinen Naturbutter von der Reichert-Meißl'schen Zahl 20 würde man nicht weniger als 28,6 vom Hundert Margarine annehmen müssen. Es dürfte hiermit hinlänglich bewiesen sein, daß die Verwendung derartiger Formeln und überhaupt die Berechnung der Größe eines Margarinezusatzes aus den bei der Ausführung eines Verfahrens gewonnenen Zahlen unzulässig ist.

Einige der Praxis der Butteruntersuchung entnommene Fälle mögen diese Behauptung noch weiter bekräftigen. Es soll festgestellt werden, welche Zusätze von Margarine unter ungünstigen Verhältnissen bei der Untersuchung nach einzelnen Verfahren dem Nachweise entgehen können; dabei werden die Erfahrungen zu Grunde gelegt, die bis jetzt bezüglich der Sicherheit der Verfahren gewonnen worden sind. Es mögen hier nur folgende Verfahren herangezogen werden: das Reichert-Meißl'sche, das refraktometrische, das viskosimetrische und die Oleogrammeterprobe nach Brullé, wobei bemerkt werden muß, daß die übrigen in der Butteruntersuchung üblichen Verfahren mindestens keine geringere Unsicherheit bieten.

1. Das Reichert-Meißl'sche Verfahren. Die höchste bisher beobachtete Reichert-Meißl'sche Zahl für Butter beträgt 37; über 30 bis zu 32 ist sie ziemlich häufig. Als unterste Grenze für die Reichert-Meißl'sche Zahl für reine Butter wurde lange Zeit 26 angesehen. Diese Zahl läßt sich aber gegenwärtig nicht mehr aufrecht erhalten, da zahlreiche unverfälschte Butterproben niedrigere Werthe ergaben. Man ging daher noch weiter zurück; einige Chemiker nehmen 24, andere 23, wieder andere sogar 20 als untere Grenzzahl an. Von den amtlichen dänischen Margarine-Inspektoren werden Butterproben mit einer Reichert-Meißl'schen Zahl von 19 noch als zuverlässig erachtet. Die Festsetzung solcher niedrigen Grenzzahlen erscheint dadurch gerechtfertigt, daß thatsächlich nicht selten reine Butter angetroffen wird, die so niedrige Reichert-Meißl'sche Zahlen aufweist. Solche mit 24 und sogar 23 kommen ziemlich häufig vor und sind schon in den meisten Ländern beobachtet worden; dagegen dürfen die Buttersorten mit einer Reichert-Meißl'schen Zahl unter 23 als Ausnahmen angesehen werden.

Wenn hiernach eine Butterprobe mit einer Reichert-Meißl'schen Zahl von 24 vorliegt, so kann sie daraufhin allein nicht beanstandet werden. Andererseits giebt es zahlreiche Butterproben mit einer Reichert-Meißl'schen Zahl von 32; wenn man diese Butter mit Margarine mischt, so wird ihre Reichert-Meißl'sche Zahl kleiner, und zwar ergiebt die Rechnung, daß man dieser Butter, um ihre Reichert-Meißl'sche auf 24 herabzusetzen, soviel Margarine von der Reichert-Meißl'schen Zahl 1 zusetzen muß, daß die sich ergebende Mischbutter 25,8 vom Hundert Margarine enthält. Läßt man, wie es vielfach geschieht, noch eine Butter mit der Reichert-Meißl'schen Zahl 20 unbeanstandet durchgehen, so könnte man mit der Butter von der Reichert-Meißl'schen Zahl 32 sogar eine Mischbutter von 38,7 vom Hundert Margarine herstellen, ohne daß die für reine Butter angenommene unterste Grenze der Reichert-Meißl'schen Zahl von 20 unterschritten würde. Noch ungünstiger liegen die Verhältnisse bei Buttersorten mit einer Reichert-Meißl'schen Zahl von mehr als 32.

2. Das refraktometrische Verfahren. Das Brechungsvermögen der Naturbutter schwankt etwa zwischen 49,5 und 55,0 Theilstrichen des Zeiß-Wollny'schen Butter-Refraktometers. Die Margarine giebt als Mindestwerth des Brechungsvermögens etwa 58,5 Theilstriche. Durch Rechnung findet man, daß der Butter, die in dem Refraktometer 49,5 Theilstriche zeigt, soviel Margarine mit dem Brechungsvermögen von 58,5 Theilstrichen zugesetzt werden kann, daß die erhaltene Mischbutter 61,1 vom Hundert Margarine enthält, ohne daß das Brechungsvermögen der Mischbutter den höchsten für Butter gefundenen Werth von 55,0 Theilstrichen überschreitet. Ein so hoher Zusatz von Margarine könnte daher dem Nachweise entgehen, wenn man nur die Prüfung mit dem Refraktometer heranziehen würde.

3. Das viskosimetrische Verfahren. Im Kaiserlichen Gesundheitsamte wurde eine Anzahl von Butter- und Margarineproben mit einem und demselben Apparate (Butterviskosimeter von Killing) mit folgendem Ergebniß auf ihre Auslaufzeiten geprüft: Die Auslaufzeit der Naturbutter schwankte zwischen 194,6 und 201,6 Sekunden, die Auslaufzeit der Margarine zwischen 218,3 und 230,4 Sekunden. Wie man durch Rechnung findet, muß man der Butter mit 194,6 Sekunden Auslaufzeit soviel Margarine von 218,3 Sekunden Auslaufzeit zusetzen, um eine Mischbutter von 201,6 Sekunden Auslaufzeit zu erhalten, daß die Mischbutter 27,8

vom Hundert Margarine enthält. Ein solcher Zusatz kann daher bei der viskosimetrischen Butterprüfung nach den bis jetzt vorliegenden Zahlen dem Nachweise entgehen. Einige im Kaiserlichen Gesundheitsamte angestellte Versuche mit selbst hergestellten Mischungen von Butter und Margarine bestätigten das Ergebniß der Rechnung. Bis jetzt liegen noch verhältnißmäßig wenige Untersuchungen über die Auslaufzeit der Butter und Margarine vor; nach den Erfahrungen, die man bei den übrigen Butterprüfungsverfahren gemacht hat, läßt sich mit Bestimmtheit voraussehen, daß auch bei dem viskosimetrischen Verfahren sich noch wesentlich ungünstigere Zahlen für die Butter ergeben werden.

4. Die Oleogrammeterprobe nach Brullé. Im Kaiserlichen Gesundheitsamte wurden 185 Butterproben (100 Proben Winterbutter, 85 Proben Sommerbutter) und 6 Margarineproben der Prüfung mit dem Oleogrammeter unterworfen. Der Belastungswiderstand der Naturbutter schwankte zwischen 140 und 1293 g, der Margarine zwischen 2845 und 4160 g. Durch Rechnung ergiebt sich, daß ein Gemisch von 57,4 Theilen Butter mit 140 g Belastungswiderstand und 42,6 Theilen Margarine mit 2845 g Belastungswiderstand einen Belastungswiderstand von 1293 g, den man auch bei reiner Naturbutter beobachtet hat, zeigt. Auch bei der Oleogrammeterprobe dürfte man bei eingehenderer Prüfung zu noch ungünstigeren Ergebnissen gelangen.

Wie man sieht, führt keines der zur Prüfung der Butter empfohlenen Verfahren unter allen Umständen zu einem sicheren Ergebniß. Wenn man sich mit der Anwendung nur eines dieser Verfahren begnügt, bleibt in vielen Fällen die Möglichkeit bestehen, daß eine Fälschung der Butter mit fremden Fetten vorliegt, trotzdem das gewonnene Ergebniß innerhalb der bei Naturbutter beobachteten Zahlen liegt. Eine Butter mit einer Reichert-Meißl'schen Zahl von 26 wird z. B. kein Chemiker beanstanden, und doch kann diese Butter durch Mischen von 80 Theilen einer Naturbutter mit einer Reichert-Meißl'schen Zahl von etwas über 32 mit 20 Theilen Margarine hergestellt worden sein. Noch ungünstiger liegen die Verhältnisse, wenn zur Bereitung der für Verfälschungszwecke dienenden Margarine, wie dies bisher wenigstens in weiterem Umfange nicht üblich war, Kokosnußfett oder Palmkernöl verwendet worden ist. Dieser Punkt wird im nächsten Abschnitte noch näher erörtert werden.

Glücklicherweise sind die Schwierigkeiten, welche die Kontrole der Butter dem untersuchenden Chemiker darbietet, in Wirklichkeit nicht so groß, wie es nach den vorstehenden Auseinandersetzungen scheinen könnte. Hier wurden absichtlich die äußersten Grenzfälle herangezogen, um zu prüfen, welche Täuschungen in den ungünstigsten Fällen unterlaufen können; es wurde nur solche Butter in den Kreis der Betrachtungen gezogen, welche in Folge ihrer günstigen chemischen Zusammensetzung zur Ausführung von schwierig auffindbaren Verfälschungen besonders geeignet war. In der Praxis liegen die Verhältnisse ungleich günstiger. Dem Butterfälscher ist die chemische Zusammensetzung seiner Butter in den seltensten Fällen bekannt, er mischt die Butter auf's Gerathewohl mit Margarine. Da die Buttersorten mit einer für Verfälschungszwecke besonders günstigen Zusammensetzung zwar nicht zu den Seltenheiten gehören, immerhin aber auch nicht gewöhnlich sind, wird die Mehrzahl der Fälschungen dem Nachweis nicht entgehen, und zwar um so mehr, da geringfügige Zusätze von Margarine zur Butter, die sich kaum lohnen würden, erfahrungsgemäß nicht vorzukommen pflegen.

Von größter Bedeutung für die Ueberwachung des Butterhandels ist die Thatsache, daß dem Chemiker so zahlreiche Verfahren für die Butterprüfung zur Verfügung stehen. Die an früherer Stelle mitgetheilten Verfahren beruhen auf wirklichen, wissenschaftlich begründeten Unterschieden in der Zusammensetzung der Butter und der Margarine, sie scheitern nur an der schwankenden Zusammensetzung der Naturbutter. Die Verfahren sind zwar zum großen Theil auf denselben Grundsätzen aufgebaut, sie gehen aber doch keineswegs vollständig Hand in Hand. Es zeigen sich vielmehr oft nicht unerhebliche Unterschiede, die größer sind, als man von vornherein annehmen sollte. Es hat sich z. B. gezeigt, daß in vielen Fällen, wo die Bestimmung der flüchtigen Säuren nicht zu einem sicheren Ergebnisse führte, durch die Ermittelung der Verseifungszahl eine einwandfreie Entscheidung darüber, ob eine Fälschung der Butter vorlag oder nicht, herbeigeführt wurde. Kein Chemiker wird sich in zweifelhaften Fällen damit begnügen, die Butter nur unter Zuhülfenahme eines Verfahrens zu beurtheilen; er wird, wenn die Prüfung nach einem Verfahren ein unzweideutiges Ergebniß nicht gehabt hat, sich einem oder mehreren anderen Verfahren zuwenden und auf diese Weise die Untersuchung oft zu einem einwandfreien Ende führen. Welchen Weg er hierbei einzuschlagen hat, darüber lassen sich allgemeine Anhaltspunkte nicht geben; der Ausfall der Prüfungen selbst wird ihn oft auf den richtigen Pfad leiten.

Die reichen Hülfsmittel, welche die Chemie im Dienste der Butterprüfung darbietet, sind indessen noch keineswegs erschöpft. Es ist nicht ausgeschlossen, daß neue Wege zu dem Endziele der Bestrebungen, der Ausarbeitung eines einwandfreien, stets zuverlässigen Butterprüfungsverfahrens, führen. Ein solcher neuer Weg bietet sich den Chemikern in einem Verfahren, das bei der Untersuchung von Gemischen schon vielfach mit großem Erfolge angewandt worden ist: in der sogenannten Fraktionirung des Butterfettes, d. h. in der physikalischen oder mechanischen Theilung der Stoffe, aus denen das Butterfett besteht, in zwei oder mehr Gruppen von Bestandtheilen. Das Butterfett setzt sich im Wesentlichen aus den Glyceriden verschiedener Fettsäuren zusammen; von diesen sind nur die Glyceride der flüchtigen Fettsäuren für das Butterfett charakteristisch. Das Bestreben muß daher dahin gehen, das Butterfett so zu zerlegen, daß in einem der getrennten Theile diese nur dem Butterfette eigenthümlichen Stoffe gleichsam angehäuft werden.

Die Zerlegung des Butterfettes im Sinne der vorstehenden Auseinandersetzung ist schon mehrfach versucht worden. R. Bensemann (Repertorium der analytischen Chemie 1886, Bd. 6, S. 197), J. Skalweit (ebenda S. 181 und 235) und Alexander Müller (ebenda S. 347 und 366) glaubten durch die fraktionirte Krystallisation des Butterfettes zum Ziele zu gelangen. Sie erwärmten das Butterfett auf eine Temperatur, bei der ein Theil der Glyceride fest war und ein Theil flüssig, und trennten dieselben durch Auspressen; sie bedienten sich also des Verfahrens, das bei der Oleomargarinfabrikation im großen Maßstabe angewandt wird. Wie zahlreiche im Kaiserlichen Gesundheitsamte angestellte Versuche ergaben, liefert dieses Trennungsverfahren keine günstigen Ergebnisse, weil es nicht möglich ist, die Fette im Kleinen unter genau den gleichen Verhältnissen der Temperatur und des Druckes auszupressen; dies ist aber unumgänglich nöthig, wenn man gleichmäßige, mit einander vergleichbare Untersuchungsergebnisse erhalten will.

Dagegen hat sich ein anderer Weg zur Zerlegung des Butterfettes besser bewährt: die Trennung der Fettbestandtheile mit nahezu wasserfreiem Alkohol. Die Löslichkeit der verschiedenen Fette in Alkohol ist verschieden; dies rührt daher, daß die einzelnen Fettsäureglyceride in Alkohol ungleich löslich sind. Die Löslichkeit der Fette in Alkohol ist in hohem Maße von der Temperatur abhängig, und zwar lösen sie sich um so leichter, je höher die Temperatur ist; in heißem Alkohol sind alle Fette leicht löslich. Wenn man eine heiße alkoholische Fettlösung abkühlt, so scheiden sich zuerst die in Alkohol schwerer löslichen Fettsäureglyceride ab, während die leichter löslichen noch gelöst bleiben. Kühlt man die alkoholischen Fettlösungen stets auf genau dieselbe Temperatur ab, so findet eine gleichmäßige Zerlegung der Fette in zwei Gruppen statt: einerseits die bei der festgesetzten Versuchstemperatur in Alkohol löslichen Bestandtheile, andererseits die unter diesen Bedingungen unlöslichen Bestandtheile.

Die Zerlegung des Butterfettes mit Hülfe von Alkohol wurde zuerst von Alexander Müller (Repertorium für analytische Chemie 1886, Bd. 6, S. 366) angegeben und später von C. B. Cochran (Analyst 1888, Bd. 13, S. 55) empfohlen. Neuerdings hat sich E. Polenske im chemischen Laboratorium des Kaiserlichen Gesundheitsamtes eingehend mit dieser Frage befaßt und sie an einer großen Zahl von echten Butterproben und selbst bereiteten Gemischen von Butter mit anderen Fetten geprüft (Arbeiten aus dem Kaiserlichen Gesundheitsamte 1895, Bd. 11, S. 523). Aus diesen Versuchen ergiebt sich, daß in dem in Alkohol löslichen Antheile des Butterfettes eine Anhäufung der Glyceride der flüchtigen Fettsäuren stattfindet. Daß die Zerlegung des Butterfettes thatsächlich einen Fortschritt der Butteruntersuchung bedeutet, ergiebt sich schon jetzt aus den von Polenske gewonnenen Zahlen. Während nämlich der größte Unterschied der Reichert-Meißl'schen Zahlen von 50 Butterproben 8 ccm betrug, war er bei den Reichert-Meißl'schen Zahlen der in Alkohol löslichen Antheile des Butterfettes nur gleich 5,9 ccm; derselbe ist daher um mehr als ein Viertel seines Betrages kleiner geworden. Auch sonst noch haben die Untersuchungen Polenske's recht bemerkenswerthe Ergebnisse gehabt, die erhoffen lassen, daß man auf dem Wege der Zerlegung des Butterfettes noch gute Erfolge erzielen wird.

b) Die Grenze der Nachweisbarkeit der Butter in der Margarine.

Während bei der Untersuchung der Butter auf Margarine zahlreiche physikalische und chemische Verfahren angewandt werden, die sich gewissermaßen zu ergänzen vermögen, ist für die Prüfung der Margarine, wie sie gegenwärtig meist in den Handel kommt, auf einen Zusatz von Butterfett nur ein Verfahren geeignet: die Bestimmung der flüchtigen Fettsäuren. Die mit den übrigen Verfahren an reiner Margarine gewonnenen Untersuchungsergebnisse sind, wenn auch bei Weitem nicht so sehr wie bei der Butter, immerhin aber so schwankend, daß es nicht möglich ist, mit ihrer Hülfe kleine Zusätze von Butter zur Margarine zu erkennen.

Bei der Untersuchung der Margarine kommt es aber meist gerade darauf an, einen geringen Gehalt an Butterfett nachzuweisen. Nach § 2, Absatz 1 des vorliegenden Gesetzentwurfes ist das Mischen von Butter und Margarine ganz allgemein verboten; es darf hiernach auch der Margarine keine, wenn auch noch so kleine Menge Butter zugesetzt werden. Trotz des Mischverbotes kann die dem Gesetze entsprechende Margarine doch kleine Mengen Butterfett enthalten, da gemäß § 2, Absatz 2 des vorliegenden Gesetzentwurfes bei der Herstellung der Margarine eine bestimmt begrenzte Menge Milch beziehungsweise Rahm verwendet werden darf, und zwar auf 100 Gewichtstheile fremder Fette 100 Gewichtstheile Milch oder die aus dieser Milchmenge herstellbare Menge Rahm. Die in den Margarinefabriken benutzte Vollmilch dürfte nur selten einen mittleren Fettgehalt von 3,5 vom Hundert, sicher aber nicht mehr als 4 vom Hundert haben. Unter der Voraussetzung, daß das gesammte in der Vollmilch enthaltene Fett in die Margarine übergeht, kann hiernach die letztere auf 100 Theile anderer Fette nicht mehr als 4 Theile Milchfett oder Butterfett enthalten; in 100 Theilen des ausgeschmolzenen Margarinefettes können daher nicht mehr als 3,8 Theile Butterfett sein. Diese Zahl ist sehr hoch gegriffen; denn einerseits ist ein mittlerer Fettgehalt der Milch von 4 auf Hundert äußerst selten, andererseits nimmt die Margarine auch nicht alles Fett aus der Vollmilch auf, selbst wenn diese sauer ist, vielmehr bleibt ein Theil des Milchfettes in der Buttermilch. Man kann daher den Höchstgehalt der unter Beachtung der gesetzlichen Vorschriften hergestellten Margarine an Butterfett (auf das wasserfreie Margarine= fett berechnet) auf 3,5 im Hundert annehmen.

Die bei der Untersuchung der Margarine gestellte Aufgabe geht nach den vorstehenden Darlegungen dahin, festzustellen, ob die Margarine in ihren Fettbestandtheilen mehr als 3,5 vom Hundert Butterfett enthält. Zur Lösung dieser Aufgabe ist, wie bereits erwähnt, in erster Linie die Bestimmung der flüchtigen Fettsäuren geeignet. Bei der Prüfung der Butter auf fremde Fette wird der Werth dieses Verfahrens durch den schwankenden Gehalt des Butter= fettes an flüchtigen Fettsäuren stark beeinträchtigt. Bei der Prüfung der Margarine auf Butterfett macht sich diese Schwierigkeit weniger geltend, weil hier meist nur geringe Mengen Butterfett in Frage kommen und der Gehalt der Margarine an flüchtigen Fettsäuren gleich= mäßiger ist. Wenn bei der Herstellung der Margarine weder Butterfett noch Kokosnußfett noch Palmkernöl verwendet wurde, so schwankt die Reichert=Meißl'sche Zahl derselben etwa zwischen 0,7 und 1,0 ccm und ist im Mittel gleich 0,8 ccm.

Im Folgenden soll berechnet werden, in welchem Maße die Reichert=Meißl'sche Zahl der Margarine durch Zusatz von bestimmten Mengen Butterfett unter den günstigsten und den ungünstigsten Umständen erhöht werden kann. Am günstigsten für den Fälscher ist der Fall, daß er zu einer Margarine mit kleiner Reichert=Meißl'scher Zahl eine ebensolche Butter setzt, und am ungünstigsten für den Fälscher ist der Zusatz einer Butter mit hoher Reichert=Meißl'scher Zahl zu einer ebensolchen Margarine. Diese beiden Fälle sollen bei Zusätzen von 1 bis 10 vom Hundert Butter zur Margarine rechnungsmäßig verfolgt werden.

Man habe durch Vermischen einer Naturbutter mit der Reichert=Meißl'schen Zahl n und einer Margarine mit der Reichert=Meißl'schen Zahl m eine Mischbutter mit der Reichert= Meißl'schen Zahl x erhalten. Durch eine einfache Ueberlegung gelangt man zu folgender Gleichung für den Gehalt B an Naturbutter in 100 Gewichtstheilen der Mischbutter:

$$B = \frac{100 \ (x - m)}{n - m}.$$

Kennt man umgekehrt den Gehalt der Mischbutter an Naturbutter und will die zu= gehörige Reichert=Meißl'sche Zahl berechnen, so ergiebt sich:

$$x = m + 0{,}01 \ B \ (n - m).$$

Um die Grenzwerthe für x zu finden, hat man einmal für m und n die kleinsten und dann die größten vorkommenden Werthe einzusetzen. Als Grenzwerthe für die Reichert= Meißl'sche Zahl m der Margarine mögen 0,7 und 1, für die Reichert=Meißl'sche Zahl n der Butter 24 und 32 angenommen werden; bei der Butter sind hiernach die äußersten, seltener vorkommenden Fälle, daß n kleiner als 24 oder größer als 32 ist, nicht berücksichtigt. Für B sollen dann alle ganzen Zahlen von 1 bis 10 in die Formel eingesetzt werden; x stellt dann die Reichert=Meißl'schen Zahlen von Margarinen dar, die 1 bis 10 vom Hundert Butterfett enthalten.

α. Die höchsten Grenzzahlen für die Reichert-Meißl'schen Zahlen
der Margarine (m) und der Butter (n).

In die Gleichung für x ist m = 1 und n = 32 zu setzen; dann wird:

$$x = 1 + 0{,}31 \; B.$$

Durch Einsetzen aller ganzen Zahlen von 1 bis 10 für B erhält man für x folgende
Werthe:

Gehalt an Butterfett in 100 Theilen Margarinefett	Reichert-Meißl'sche Zahl der Mischung
B	x
1	1,31
2	1,62
3	1,93
3,5	2,09
4	2,24
5	2,55
6	2,86
7	3,17
8	3,48
9	3,79
10	4,10

Hiernach hat eine nach Maßgabe der gesetzlichen Vorschriften hergestellte Margarine, die
nicht mehr als 3,5 vom Hundert Butterfett enthalten kann, im höchsten Falle eine Reichert-
Meißl'sche Zahl von abgerundet 2,1. Margarinesorten mit dieser Zahl wären daher nicht zu
beanstanden, solche mit höherer Zahl als mit einer unzulässigen Menge Butterfett versetzt
anzusehen.

β. Die niedrigsten Grenzzahlen für die Reichert-Meißl'schen Zahlen
der Margarine (m) und der Butter (n).

Für m = 0,7 und n = 24 wird:

$$x = 0{,}7 + 0{,}233 \; B.$$

Setzt man für B der Reihe nach alle ganzen Zahlen von 1 bis 10, so erhält man für
x folgende Werthe:

Gehalt an Butterfett in 100 Theilen Margarinefett	Reichert-Meißl'sche Zahl der Mischung
B	x
1	0,93
2	1,17
3	1,40
3,5	1,52
4	1,63
5	1,87
6	2,10
7	2,33
8	2,56
9	2,80
10	3,03

Aus diesen Zahlen ergiebt sich, daß bei Verwendung eines an flüchtigen Fettsäuren sehr armen Butterfettes eine Margarine mit 3,5 vom Hundert Butterfett nur eine Reichert= Meißl'sche Zahl von 1,52 ccm haben würde. Die vorher für die Beimischung von 3,5 vom Hundert eines an flüchtigen Fettsäuren sehr reichen Butterfettes zur Margarine gefundene Reichert=Meißl'sche Zahl 2,1 kommt bei Verwendung eines an flüchtigen Fettsäuren sehr armen Butterfettes erst einem Butterfettgehalte der Margarine von 6 vom Hundert zu. Dieser Butterfettgehalt der Margarine würde somit unter besonderen Umständen unbeanstandet bleiben können. Selbst wenn man eine Naturbutter mit einer Reichert=Meißl'schen Zahl von nur 20 zum Vermischen benutzen würde, würde doch nur ein Butterfettgehalt von 7,2 vom Hundert der Beanstandung entgehen.

Die rechnungsmäßige Prüfung der Frage, wie weit es möglich ist, Butterfett in der Margarine nachzuweisen, liefert somit ein recht günstiges Ergebniß. Man könnte mit der Genauigkeit dieser Bestimmung völlig zufrieden sein, wenn nicht Fälle vorkämen, in denen die ganze Rechnung hinfällig ist. Sobald nämlich bei der Herstellung der Margarine Kokosnußfett oder Palmkernöl verwendet oder eines dieser Fette der Margarine nachträglich zugesetzt worden ist, treffen die vorstehenden Darlegungen nicht mehr zu, da diese beiden Fette, insbesondere das Kokosnußfett, eine weit höhere Meißl'sche Zahl haben als alle übrigen bei der Margarine= fabrikation sonst zur Verwendung gelangenden Fette. Es ist zwar hier keine Margarinefabrik zu nennen, welche Kokosnußfett verarbeitet, einer Mittheilung von R. Sendtner (Forschungs= berichte über Lebensmittel und ihre Beziehungen zur Hygiene u. s. w. 1895, Bd. 2, S. 116) ist aber zu entnehmen, daß in Bayern mitunter Proben von Schmelzmargarine angetroffen werden, die Kokosnußfett enthalten. Man muß daher bei der Untersuchung der Margarine mit diesem Umstande rechnen.

In welchem Maße ein Zusatz von Kokosnußfett zur Margarine die Reichert=Meißl'sche Zahl zu verändern vermag, ergiebt sich aus folgendem Beispiel. Einer Margarine, bestehend aus 75 Theilen Oleomargarin, Pflanzenölen u. s. w. mit der Reichert=Meißl'schen Zahl 1 und 25 Theilen Kokosnußfett mit der Reichert=Meißl'schen Zahl 8, kommt die Reichert=Meißl'sche Zahl 2,75 zu. Wie vorher berechnet wurde, kann eine Margarine mit der Reichert=Meißl'schen Zahl 2,75 etwa 6 bis 9 vom Hundert Butterfett ent= halten. Wenn man daher nur aus der Reichert=Meißl'schen Zahl der Margarine einen Schluß ziehen wollte, müßte man zu dem Ergebnisse kommen, daß die Margarine mindestens 6 vom Hundert Butterfett enthielte und daher zu beanstanden sei. Noch größer kann die Täuschung werden, wenn die Margarine auch noch kleine Mengen Naturbutter enthält; es läßt sich berechnen, daß man in einer Margarine, die 25 vom Hundert Kokosnußfett und 3,5 vom Hundert Butterfett enthält, mittelst der Bestimmung der flüchtigen Fettsäuren im ungünstigsten Falle 15 vom Hundert Butterfett finden würde.

Wenn somit eine Margarine eine höhere Reichert=Meißl'sche Zahl hat als 2,1, so ist damit noch nicht der sichere Beweis erbracht, daß sie mehr als 3,5 vom Hundert Butterfett enthält; um diese Annahme zu rechtfertigen, muß vielmehr noch der Nachweis erbracht werden, daß die Margarine frei ist von Kokosnußfett und dem sich ähnlich verhaltenden Palmkernöl. Die Prüfung der Margarine auf diese beiden Fette bildet daher eine nothwendige Ergänzung der Untersuchung, wenn man die Reichert=Meißl'sche Zahl höher als 2,1 gefunden hat.

Der Nachweis von Kokosnußfett und Palmkernöl in der Margarine ist nicht schwer zu führen, da diese Fette sich in vielen Beziehungen von den übrigen Fetten und Oelen unterscheiden. Ihre Jodzahl ist erheblich kleiner als die der anderen Fette; sie beträgt beim Palmkernöl etwa 14, beim Kokosnußfett 9, dagegen bei dem Baumwollsamenöl und Sesamöl 108, bei dem Erdnußöl 96, dem Schweineschmalz etwa 60 und bei dem Oleomargarin etwa 50. Ferner ist die Verseifungszahl des Palmkernöls und des Kokosnußfettes sehr hoch, nämlich 248 beziehungsweise 261, während die Verseifungszahl des Sesamöls 190, des Erdnußöls 193,5, des Baumwollsamenöls 195, des Schmalzes 196 und der Butter im Mittel 227 ist. Von wesentlichem Einflusse ist die Anwesenheit von Palmkernöl und Kokosnußfett auf die Löslichkeit der Fettmischungen in Alkohol; aus den im Kaiserlichen Gesundheitsamte angestellten Versuchen ergiebt sich, daß diese Fette bei der Zerlegung des Margarinefettes mit Alkohol dadurch angezeigt werden, daß eine größere Menge des Fettes von dem Alkohol gelöst wird. Auch die Zusammensetzung und die Eigenschaften des alkohollöslichen Fettantheils werden dadurch in ganz bestimmter Weise geändert. Die im Kaiserlichen Gesundheitsamte in Angriff genommenen Untersuchungen machen es wahrscheinlich, daß es nach diesem Verfahren gelingen wird, solche Mengen Palmkernöl und Kokosnußfett in der Margarine nachzuweisen, welche im Stande sind, die Reichert-Meißl'sche Zahl der Margarine in nennenswerther Weise zu erhöhen.

Ueber den Nachweis der Margarine in Backwaaren, sowie in gekochten und gebratenen Speisen.

Handelt es sich darum, zu entscheiden, ob Butter oder Margarine bei der Zubereitung von Speisen u. s. w. Verwendung gefunden hat, so wird die Untersuchung in der Weise vorzunehmen sein, daß man den zubereiteten Eßwaaren das Fett entzieht und dieses nach den bekannten Verfahren prüft. Hierbei ist zu berücksichtigen, daß gleichzeitig mit dem bei der Zubereitung der Speisen zugesetzten Fette auch das natürliche Fett der betreffenden Nahrungsmittel ausgezogen wird. Bei den Backwaaren, die aus Weizenmehl hergestellt sind, ist dies nicht von allzugroßem Belang, weil dieses Mehl nur wenig Fett enthält. Schwieriger wird die Prüfung schon, wenn die Backwaaren Mais- oder Hafermehl enthalten, und in noch viel höherem Maße, wenn sie, wie dies bei den feineren Waaren oft geschieht, unter Verwendung der fettreichen Mandeln, Wallnüsse und Haselnüsse hergestellt worden sind. Aus allen Backwaaren, die mit reiner Butter hergestellt sind, zieht man stets ein Gemisch von Butterfett und des natürlichen Fettes der Rohstoffe, also stets eine Mischbutter aus, die je nach der Art der Rohstoffe mehr oder weniger fremde Fette enthält.

Erheblich günstiger liegen die Verhältnisse bei den zubereiteten Gemüsen. Die Gemüsearten enthalten sämmtlich so geringe Mengen natürliches Fett, daß man aus Gemüsen, die mit Butter zubereitet sind, nahezu reines Butterfett ausziehen wird. Dagegen begegnet die Prüfung des Fettes bei den zubereiteten Fleischspeisen stets erheblichen, oft sogar unüberwindbaren Schwierigkeiten. Selbst ganz mageres Fleisch, das dem Ansehen nach vollkommen fettfrei zu sein scheint, enthält in 100 Theilen noch mehrere Theile Fett; meist hängen aber den im Haushalte gebrauchten Fleischsorten ganz bedeutende Mengen Fett an. Wenn solches fettes Fleisch unter Zusatz von Butter gebraten wird, so brät eine große Menge Fett aus, das sich mit dem Butterfette mischt; auf diese Weise entsteht eine Mischbutter, welche nicht selten erheblich mehr fremde Fette als Butterfett enthält. Es ist deshalb nicht möglich, durch die

Untersuchung dieses Fettes festzustellen, ob zur Zubereitung der Speise Naturbutter oder Mischbutter verwendet worden ist.

Beim Backen und Braten wird das zur Zubereitung der Speisen dienende Fett einer hohen Temperatur ausgesetzt, wobei die Fette gewisse Veränderungen und Zersetzungen erleiden. Welcher Art diese Aenderungen sind, ist bisher nicht geprüft worden. Möglicherweise wird das Butterfett hierbei so verändert, daß die bisher üblichen Verfahren der Butter=Untersuchung und =Beurtheilung für diesen Fall nicht mehr maßgebend sind. Dieselbe Möglichkeit liegt auch für die überhitzte Margarine vor. Hierüber müßten daher, da zur Zeit jede Erfahrung über diesen Punkt mangelt, zunächst eingehende Untersuchungen angestellt werden, ehe man daran denken kann, ein einwandfreies Verfahren für die Prüfung des Fettes von zubereiteten Speisen aus= zuarbeiten.

Aber selbst wenn man dazu käme, ein Verfahren zu finden, nach welchem man das Fett der zubereiteten Speisen mit gleicher Sicherheit prüfen könnte, wie die unveränderte Butter, so wäre damit für die hier zu lösende Aufgabe nichts gewonnen. Durch die Untersuchung ließe sich dann im günstigsten Falle feststellen, ob bei der Zubereitung der Speisen Butter oder „andere Fette" oder ein Gemisch von diesen Stoffen verwendet worden ist. Ob diese „anderen Fette" Margarine waren oder ein anderes Gemisch von Fetten, läßt sich durch die Prüfung des aus der zubereiteten Speise ausgezogenen Fettes nicht mehr feststellen. Unter „Margarine" im Sinne des vorliegenden Gesetzentwurfes ist gemäß § 1, Absatz 2 jede der Butter oder dem Butterschmalze ähnliche Fettzubereitung zu verstehen, deren Fettgehalt nicht ausschließlich der Milch entstammt. Es müßte der Nachweis geliefert werden, daß das zur Zubereitung der Speisen benutzte Fett der Butter oder dem Butterschmalz ähnlich gewesen ist. Durch die Unter= suchung des aus der zubereiteten Speise ausgezogenen Fettes läßt sich dies nicht mehr fest= stellen, da durch das Braten oder Backen die äußere Beschaffenheit des Fettes vollständig ver= ändert worden ist. Selbst wenn es z. B. gelänge, nachzuweisen, daß eine nur wenig Butterfett enthaltende Fettzubereitung verwendet worden ist, so ist damit noch keineswegs erwiesen, daß diese Fettzubereitung wirklich fertige Margarine war. Wenn der Koch in diesem Falle be= hauptet, er habe die Speise nicht mit Margarine, sondern mit einem Gemisch von Schweine= schmalz, Rindertalg oder einem anderen Speisefette mit wenig Butter zubereitet, so läßt sich dies durch die chemische Untersuchung nicht widerlegen. Eine Mischung von Schweinefett, Rindertalg und Butter findet thatsächlich in vielen Küchen Anwendung.

II. Ueber Butterschmalz und Margarineschmalz.

In Süddeutschland kommt die Butter meist in ungesalzenem Zustande auf den Markt. Da die ungesalzene Butter sich nur kurze Zeit hält, pflegt man aus ihr diejenigen Bestandtheile, welche ihre leichte Zersetzlichkeit verursachen, das Wasser und die organischen Nichtfettstoffe, zu entfernen, und das reine Butterfett allein, das lange Zeit haltbar bleibt, zu verwenden. Das durch Auslassen oder Ausschmelzen der Butter gewonnene Fett bildet in Süddeutschland einen Handelsartikel und wird dort Schmelzbutter, Butterschmalz, Rindsschmalz, Kuhschmalz oder auch wohl einfach Schmalz genannt. Das Butterschmalz ist ein körnig=krystallinisches Fett, das die Farbe der Butter besitzt. Wird dasselbe durch Ausschmelzen der Butter bei niedriger Temperatur gewonnen, so behält es das Aroma der Butter bei. Häufig wird aber das Butter=

schmalz in wenig sorgfältiger Weise bei hoher Temperatur ausgeschmolzen; dann hat es kein Butteraroma mehr und schmeckt und riecht nicht selten brenzlich (angebrannt).

Aehnlich wie die Margarine ein Ersatz für die Butter sein soll, wird namentlich in Mittel- und Süddeutschland eine dem Butterschmalz ähnliche Fettzubereitung dargestellt, die man als „Margarineschmalz" oder auch „Schmelzmargarine" bezeichnen kann. Die besseren Sorten Margarineschmalz werden in ähnlicher Weise hergestellt wie das Butterschmalz. Gute Margarine von butterähnlichem Geruch und Geschmack wird bei möglichst niedriger Temperatur (um das Butteraroma nicht zu vermindern) geschmolzen. Die geschmolzene Margarine bildet zwei Schichten: eine untere wässerige Schicht, die mit Käsestoff durchsetzt ist, und eine obere trübe Fettschicht. Nachdem sich die letztere geklärt hat, wird sie abgehoben und zur Krystallisation bei mittlerer Temperatur bei Seite gestellt. Das auf diese Weise gewonnene Margarineschmalz ähnelt in Farbe, Aussehen, äußerer Beschaffenheit sowie Geruch und Geschmack dem guten, sorgfältig hergestellten Butterschmalz.

Bei der nicht selten schlechten Beschaffenheit des käuflichen Butterschmalzes geben sich die Fabrikanten von Margarineschmalz vielfach nicht die Mühe, diese Fettzubereitung auf dem vorher angegebenen umständlichen Wege durch Ausschmelzen von fertiger Margarine herzustellen. Man schmilzt vielmehr verschiedene Fette und Oele bei niedriger Temperatur zusammen, mischt die nöthige Menge Butterfarbe hinzu und läßt die Mischung krystallisiren. Neben Oleomargarin werden hierbei wohl die auch für die Margarinefabrikation dienenden Oele, Baumwollsamenöl, Sesamöl und Erdnußöl, vielleicht auch Neutral-Lard verwendet; nach Angaben von R. Sendtner (Forschungsberichte über Lebensmittel und ihre Beziehungen zur Hygiene, über forense Chemie und Pharmakognosie 1895, Band 2, S. 116) kommen auch Margarineschmalzsorten vor, die Kokosnußfett enthalten. Ueber die Zusammensetzung dieser Margarineschmalzsorten ist nur wenig bekannt; bei der Einfachheit der Darstellung und den geringen Anforderungen, die an dieselben vielfach gestellt werden, darf man annehmen, daß zur Herstellung des Margarineschmalzes unter Umständen die verschiedensten pflanzlichen und thierischen Fette verwendet werden können. Das durch einfaches Färben und Krystallisiren von Fettgemischen gewonnene Margarineschmalz hat nur das äußere Aussehen des Butterschmalzes, besitzt aber kein Butteraroma.

Das Butterschmalz unterscheidet sich in seiner stofflichen Zusammensetzung ganz wesentlich von der Butter. Beide enthalten zwar dasselbe Fett, nämlich Milch- oder Butterfett; während aber das Butterschmalz reines Butterfett ist, bildet die Butter eine erstarrte Emulsion von Butterfett mit einer wässerigen Flüssigkeit, nämlich Magermilch, die größere Mengen Käsestoff sowie andere organische Stoffe und Mineralbestandtheile enthält. Das Butterschmalz ist in reinem Zustande ein klar schmelzendes Fett und ähnelt in seiner stofflichen Zusammensetzung dem Schweineschmalz und anderen klar schmelzenden Speisefetten. Auch äußerlich unterscheidet sich das körnig-krystallinische Butterschmalz von der eine gleichmäßige, salbenartige Beschaffenheit zeigenden Butter. Dagegen haben Butter und Butterschmalz das eine, sie von allen übrigen Fetten unterscheidende gemeinsam, daß sie das gleiche Fett, nämlich Milchfett enthalten.

Das Gesetz vom 12. Juli 1887, betreffend den Verkehr mit Ersatzmittel für Butter, spricht nur von den der „Milchbutter" ähnlichen Zubereitungen, deren Fettgehalt nicht ausschließlich der Milch entstammt. Da nun das Butterschmalz gewisse Unterschiede in der stofflichen Zusammensetzung gegenüber der Butter zeigt, wurden Zweifel darüber geäußert, ob auch Nachahmungen von Butterschmalz unter das Gesetz vom 12. Juli 1887 fallen. Diese Zweifel waren indessen unbegründet; denn in dem wesentlichen Bestandtheile, dem Fette, stimmen beide Erzeugnisse überein, wenn auch die Form, in welcher sich das Milchfett im Butterschmalz findet, von der Butter selbst abweicht.

Thatsächlich hat sich auch die Rechtsprechung auf diesen Standpunkt gestellt. Um jedem Zweifel ein Ende zu machen, ist das Butterschmalz ausdrücklich in den vorliegenden Gesetzentwurf aufgenommen worden.

Was die Untersuchung des Butterschmalzes und seiner Ersatzmittel betrifft, so wird dieselbe in gleicher Weise vorgenommen, wie die Untersuchung der Butter und der Margarine; nur diejenigen Untersuchungsverfahren, die sich darauf gründen, daß Butter und Margarine erstarrte Emulsionen sind, können auf Butterschmalz u. s. w. nicht angewandt werden. Bei den übrigen Verfahren müssen Butter und Margarine zunächst ausgeschmolzen werden; nur das ausgeschmolzene Butter= beziehungsweise Margarinefett findet bei der physikalischen und chemischen Prüfung Verwendung. Sorgfältig zubereitetes Butterschmalz schmilzt klar und kann ohne weitere Vorbereitung zur Prüfung auf fremde Fette benutzt werden. Meist enthält aber das Butterschmalz noch kleine Mengen Wasser und Käsestoff; man schmilzt und filtrirt es in diesem Falle und untersucht das klare Filtrat.

III. Ueber den Wasser=, Salz= und Fettgehalt der Butter.

Die Butter ist eine erstarrte Emulsion von Milchfett mit Magermilch, welche bei der Herstellung der Butter theilweise in dieser zurückbleibt. Die Butter muß hiernach eine gewisse Menge Wasser enthalten. Das Wasser ist kein zufälliger oder bedeutungsloser, sondern ein wesentlicher Bestandtheil der Butter, der sie erst zu dem macht, was sie ist; eine von Wasser befreite Butter ist keine Butter mehr, sondern ein Gemisch von Butterfett mit Käsestoff und anderen organischen und mineralischen Bestandtheilen. Das Wasser ist in der Butter emulsions= artig in zahlreichen, meist sehr kleinen Tröpfchen vertheilt.

Die frisch gebutterte Butter besteht aus einer großen Zahl mehr oder weniger kleiner Butterklümpchen, die reich an Wasser sind. Beim Kneten der Butter wird ein großer Theil der darin enthaltenen Buttermilch entfernt, ein weiterer Theil der Buttermilch wird durch Waschen der Butter mit Wasser beseitigt. Schließlich tritt auch beim Einkneten von Kochsalz in die Butter noch ein Verlust an Wasser ein. Alle diese Umstände tragen dazu bei, daß der Wassergehalt normaler Butter gewisse, erfahrungsgemäß feststehende Grenzen nicht überschreitet.

Ueber den Wassergehalt der Butter liegen in der Fachliteratur zahlreiche Angaben vor; ein besonders werthvolles Material in dieser Hinsicht bilden die auf Veranlassung des Königlich preußischen Ministers für Landwirthschaft, Domänen und Forsten von den land= wirthschaftlichen Versuchsstationen ausgeführten Untersuchungen. Der Wassergehalt der Butter liegt in der Mehrzahl der Fälle zwischen 12 und 15 oder 16 vom Hundert; unter 10 vom Hundert sinkt er nur selten, dagegen überschreitet er 16 vom Hundert noch ziemlich häufig, namentlich in einigen Gegenden. Man hat Buttersorten angetroffen, die bis zu 50 vom Hundert und mehr Wasser enthielten.

Der hohe Wassergehalt der Butter kann auf zwei Ursachen zurückgeführt werden:

1. Absichtliche Erhöhung des Wassergehaltes der Butter.

Bei dem verhältnißmäßig hohen Preis der Butter wirft ein großer Wassergehalt derselben dem Fälscher einen beträchtlichen Nutzen ab. Gewissenlose Buttererzeuger suchen daher der Butter so viel Wasser zu belassen oder beizumischen, als es irgend möglich ist, ohne die Butter in ihrem Aussehen allzusehr zu beeinträchtigen. Besonders geeignet für die Verfälschung durch Wasserzusatz ist die gesalzene Butter; während ungesalzene Butter nur eine ziemlich eng begrenzte Menge Wasser aufnehmen kann, vermag das Salz der gesalzenen Butter ganz erhebliche Wassermengen zu binden, ohne daß dies äußerlich bemerkbar wird. Die Erhöhung des Wassergehaltes erfolgt in der Weise, daß die Butter nur oberflächlich ausgeknetet wird, oder daß nachträglich absichtlich so viel Wasser in die Butter eingearbeitet wird, als sie aufzunehmen vermag. Während das erstgenannte Verfahren nicht selten in bäuerlichen Wirthschaften üblich ist, hat das zweite Verfahren öfters bei der Herstellung der sogenannten Hamburger Faktorei- oder Packbutter Anwendung gefunden. Zusammengekaufte Butter, meist ein Gemisch großer Mengen billiger, minderwerthiger mit kleinen Mengen guter Butter, wird bei höherer Temperatur, die den Schmelzpunkt der Butter nicht erreichen darf, ohne Anwendung von Knetmaschinen mit Wasser durcheinandergearbeitet (meist unter Zusatz von Borax), bis die ganze Masse ein gleichmäßiges Aussehen angenommen hat. Die auf diese Weise gewonnene Faktorei- oder Packbutter hat oft mehr als 25 oder 30 vom Hundert Wasser. Beim Durchschneiden dieser Butter spritzt und quillt das Wasser aus ihr hervor und auf ihrer Oberfläche sitzen zahlreiche Wassertropfen; am Boden der Blechbüchsen, in welche diese Butter verpackt zu werden pflegt, sammelt sich nach einiger Zeit eine größere Menge Wasser an.

Die betrügerische Erhöhung des Wassergehaltes der Butter geht so weit, daß sogar wiederholt Geheimmittel empfohlen wurden, welche im Stande sein sollten, die „Ausbeute" an Butter aus der Milch zu erhöhen; diese „Erhöhung der Ausbeute" bestand aber in nichts Anderem als in der starken Vermehrung des Wassergehaltes der Butter. H. W. Wiley, der Vorsteher der chemischen Abtheilung des Ackerbau-Ministeriums der Vereinigten Staaten von Amerika, untersuchte neuerdings zwei solche Mittel zur Vermehrung der Butter. Das eine Mittel mit der Bezeichnung „Gilt Edge Butter Compound" bestand aus einem rosaroth gefärbten Gemisch von 70,48 vom Hundert wasserfreiem Natriumsulfat und 29,52 vom Hundert Pepsin. Als Wiley 1,270 Liter kuhwarme Milch mit 1 g des vorher genannten Mittels und 1 kg Butter nebst der nöthigen Menge Salz tüchtig durcheinanderarbeitete, erhielt er 2 kg eines Erzeugnisses, welches im Ansehen der verwendeten Butter täuschend ähnlich und nur beträchtlich weicher war. Die verarbeitete Butter hatte folgende Zusammensetzung:

Wasser . . . . 15,92 vom Hundert,
Butterfett . . . . . 80,53 = =
Käsestoff . . . . . 3,17 = =
Mineralbestandtheile . . 0,38 = =

Dagegen enthielt das gewonnene Erzeugniß von doppeltem Gewichte:

Wasser . . . . 49,55 vom Hundert,
Butterfett . . . . . 45,45 = =
Käsestoff . . . . . 3,66 = =
Mineralbestandtheile . . 1,34 = =

Ein zweites von Wiley untersuchtes Präparat, welches die Butterausbeute aus der Milch um das Doppelte erhöhen soll und den Namen „Black Pepsin" führt, besteht aus 83 vom Hundert Kochsalz, 15 vom Hundert Orlean= oder Annattofarbstoff und 2 vom Hundert Labpulver. Durch weitere Versuche stellte Wiley fest, daß alle verdauend wirkenden Fermente, wie Pepsin, Pankreatin (Trypsin) und Lab, beim innigen Mischen mit Milch und Butter eine Emulsion bilden, in welcher die Milch scheinbar ganz verschwunden ist. Die mineralischen Bestandtheile der Präparate (Natriumsulfat beziehungsweise Kochsalz) dienen nur als Mischmittel und sind für die emulgirende Wirkung bedeutungslos.

2. Fahrlässige Erhöhung des Wassergehaltes der Butter.

In den Genossenschaftsmolkereien und auf den Gütern bedient man sich zum Auskneten der Butter der Knetmaschinen. Wenn die Butter nach dem Bearbeiten mit diesen Maschinen hinreichend fest und trocken erscheint, so liegt ihr Wassergehalt meist innerhalb der normalen Grenzen; hoher Wassergehalt der Butter in Folge fahrlässiger Bearbeitung kommt hier seltener vor.

Anders liegen dagegen die Verhältnisse in den bäuerlichen Milchwirthschaften. Dort wird die Butter gewöhnlich nicht mit Hülfe maschineller Vorrichtungen, sondern mit der Hand ausgeknetet. Dabei ist es nicht möglich, den Wassergehalt der Butter immer gleichmäßig hoch zu machen, derselbe schwankt vielmehr von Fall zu Fall mehr oder weniger. Hier kann es daher vorkommen, daß die Butter einen höheren Wassergehalt behält, als sie bei sorgfältiger Bearbeitung haben sollte. Es ist wahrscheinlich, daß auch hier oft eine gewinnsüchtige Absicht mit unterläuft; jedenfalls darf man annehmen, daß ein Wassergehalt der Butter von mehr als 20 vom Hundert stets auf eine absichtliche Erhöhung desselben zurückzuführen ist.

Es ist klar, daß der Verkauf von Butter mit hohem Wassergehalte eine beträchtliche Vermögensschädigung des Käufers in sich schließt. Dazu kommt noch, daß wasserreiche Butter dem Verderben weit rascher anheimfällt als eine Butter mit normalem Wassergehalt. Wenn= gleich auch jetzt schon zahlreiche Verurtheilungen wegen zu hohen Wassergehaltes der Butter auf Grund des Nahrungsmittelgesetzes erfolgt sind, so war es doch in vielen Fällen nicht möglich, die Butterfälscher, welche sich mit der Erhöhung des Wassergehaltes der Butter befassen, gerichtlich zu belangen; derartige Klagen wurden namentlich in Hamburg in Bezug auf die Herstellung und den Vertrieb der Faktorei= oder Packbutter laut. Die früher umfangreiche Butterausfuhr nach England ist nach dem Urtheile Sachverständiger hauptsächlich wegen der schlechten Beschaffenheit, welche die dorthin ausgeführte Waare längere Zeit hindurch hatte, in den letzten Jahren erheblich zurückgegangen. Trotz der großen Wichtigkeit dieser Anlegenheit ist es den Behörden nicht möglich gewesen, den anerkannten Uebelständen mit der nöthigen Wirksamkeit entgegenzutreten. Es fanden sich immer wieder Sachverständige, sowohl chemische als auch kaufmännische, welche einen erhöhten Wassergehalt der Packbutter für zulässig und unabwendbar erklärten. Die Richter, welche in Folge des Fehlens einer gesetzlichen Grenzzahl für den Wassergehalt der Butter auf die Gutachten der Sachverständigen angewiesen waren, sprachen sich nicht selten angesichts der sich widersprechenden Aussagen der Sachverständigen zu Gunsten der Butterfälscher aus.

Außer Fett und Wasser enthält die Butter noch andere Stoffe, z. B. Käsestoff, Milch= zucker, Säuren der Milch und Salze (Mineralbestandtheile). Der Gehalt der Butter an

Käsestoff und anderen organischen Nichtfettstoffen ist meist gering. Verfälschungen der Butter, die darin bestehen, daß man ihr in Folge mangelhaften Auswaschens eine übermäßig große Menge Käsestoff und andere organische Nichtfettstoffe beläßt, kommen seltener vor, sind auch von geringerer Bedeutung, da sie sich innerhalb enger Grenzen bewegen.

Der Gehalt der unveränderten (ungesalzenen) Butter an Mineralbestandtheilen ist sehr gering, er wird aber durch den in Norddeutschland und in anderen Ländern üblichen Salzzusatz, der den Zweck hat, die Butter zu konserviren, erheblich erhöht. Der Kochsalzzusatz ist mitunter so bedeutend (bis zu 15 vom Hundert), daß er als eine Verfälschung der Butter angesehen werden muß. Beanstandungen von Butter in Folge zu hohen Kochsalzgehaltes kommen ziemlich häufig vor; meist führen aber nur sehr starke Zusätze von Kochsalz zu Bestrafungen, da es bisher an einer allgemein gültigen Grenzzahl für den Salzgehalt der Butter fehlt (an einigen Orten, z. B. in Breslau, bestehen entsprechende Polizeiverordnungen).

Diese ungünstigen Erfahrungen haben bereits vielfach den Wunsch rege gemacht, es möge eine Grenzzahl für den Wasser= und Kochsalzgehalt der Butter, beziehungsweise, um auch die übrigen Nichtfettbestandtheile der Butter zu treffen, ein Mindestgehalt der Butter an Fett gesetzlich festgestellt werden. Dem Wunsche wird durch § 10 des vorliegenden Gesetzentwurfes entsprochen, durch welchen der Bundesrath ermächtigt werden soll, das gewerbsmäßige Verkaufen und Feilhalten von Butter, deren Wasser= oder Kochsalzgehalt eine bestimmte Grenze überschreitet oder deren Fettgehalt einen bestimmten Mindestgehalt nicht erreicht, zu verbieten. Welche Grenzzahl für den Wasser= und Kochsalzgehalt beziehungsweise Mindestfettgehalt normaler verkaufsfähiger Butter festzustellen sein wird, wird nach der Annahme dieses Gesetzes noch Gegenstand eingehender Erwägungen sein müssen; im Allgemeinen geht die Ansicht der chemischen Sachverständigen dahin, daß die Butter nicht mehr als 15 oder 16 vom Hundert Wasser, nicht mehr als 2,5 oder 3 vom Hundert Salz und nicht weniger als 80 vom Hundert Fett enthalten dürfe.

IV. Ueber Margarinekäse.

1. Einleitung.

Die zahlreichen Käsesorten des Handels können in zwei Gruppen eingetheilt werden: in Fettkäse und Magerkäse. Die Fettkäse werden im Allgemeinen aus Vollmilch, die Magerkäse aus mehr oder weniger entrahmter Magermilch hergestellt; die beiden Gruppen von Käsesorten unterscheiden sich in ihrer chemischen Zusammensetzung hauptsächlich durch ihren Fettgehalt, der bei den Fettkäsen hoch, bei den Magerkäsen niedrig ist. Durch Verarbeitung von theilweise entrahmter Milch werden Käsesorten gewonnen, die in ihrem Fettgehalte zwischen dem sogenannten Vollfettkäse und dem Magerkäse stehen; man bezeichnet sie als Halbfettkäse, Drittelfettkäse u. s. w. Durch Zusatz von Rahm zur Vollmilch werden auch Käsesorten hergestellt, die mehr Fett als der Vollfettkäse enthalten; sie werden überfette Käse genannt. Die Magerkäse enthalten ebenfalls eine gewisse Menge Fett, die zwar meist nicht groß ist, aber doch nicht unbeträchtlich schwanken kann. In vielen Molkereien pflegt man beim Centrifugiren die Vollmilch möglichst vollständig zu entrahmen, um eine recht große Butterausbeute zu bekommen; die Magermilch und der daraus dargestellte Magerkäse sind in diesem Falle arm an Fett. Mitunter beläßt man dagegen in der Magermilch absichtlich eine größere

Menge Fett, um dem daraus bereiteten Käse, freilich auf Kosten der Butterausbeute, eine bessere Beschaffenheit zu verleihen.

Der gesammte Fettgehalt der in der üblichen Weise aus Milch hergestellten Fett= und Magerkäse entstammt ausschließlich der Milch. Ein der neuesten Zeit angehörender Industrie= zweig befaßt sich damit, aus entrahmter Magermilch durch Beimischen von fremden Fetten auf künstliche Weise Fettkäse herzustellen, deren Fettgehalt nicht ausschließlich der Milch entstammt; derartige Käse werden nach Maßgabe des § 1, Absatz 3 des vorliegenden Gesetzentwurfes als Margarinekäse bezeichnet.

2. Die bisherige Entwickelung der Margarinekäserei.

Die Margarinekäserei nahm ihren Anfang in den Vereinigten Staaten von Amerika, wo bereits zu Anfang der siebenziger Jahre Versuche gemacht wurden, aus Magermilch mit Hülfe von Schweineschmalz einen Kunstfettkäse, den sogenannten Lard cheese, herzustellen; ein Patent hierauf wurde schon im Jahre 1873 ertheilt. Nach einem Berichte von Caldwell (Second Annual Report of the New-York State Board of Health 1882, Seite 529) stellte man mit Hülfe eines besonderen Apparates, der Desintegrator genannt wurde, aus 1 Theil Schweineschmalz und 2 bis 3 Theilen Magermilch bei einer Temperatur von 60° C. einen künstlichen Rahm dar, den man mit einer größeren Menge Magermilch mischte; man erhielt auf diese Weise eine künstliche Vollmilch, die in der gewöhnlichen Weise auf Fettkäse verarbeitet wurde. Der „Desintegrator“ bestand aus einem Metallcylinder, dessen Oberfläche mit zahlreichen Erhöhungen versehen war. Der Cylinder drehte sich mit großer Geschwindigkeit in einer ebenfalls cylinderförmigen Hülse, die an der Innenwand Vertiefungen besaß, in welche die Erhöhungen des Cylinders zahnartig eingriffen. Ein in diesen Apparat gebrachtes Ge= menge von geschmolzenem Fett und Magermilch gelangte in die engen Zwischenräume zwischen dem Cylinder und der Hülse und wurde dort innig vermischt oder emulgirt. Die Wirksamkeit dieses Emulgirapparates war aber nicht ganz befriedigend; denn beim Vermischen des künstlichen Rahmes mit Magermilch schied sich ein Theil des Schweineschmalzes, gewöhnlich etwa ein Achtel der Gesammtmenge, wieder ab und schwamm an der Oberfläche der künstlichen Fettmilch.

Auch mit Hülfe von Oleomargarin wurde in Amerika künstlicher Fettkäse hergestellt. Im Jahre 1881 bestanden in dem Staate New=York 23 Anstalten, die sich mit der Gewinnung von Margarinekäse befaßten; in anderen amerikanischen Staaten hatte zu dieser Zeit der neue Industriezweig noch nicht Fuß gefaßt. Die Margarinekäse=Erzeugung der 23 Fabriken war ziemlich bedeutend; in der Zeit vom 1. Mai bis 1. November 1881 wurden z. B. 800 000 amerikanische Pfund (360 000 kg) Margarinekäse hergestellt. Nach den Ermittelungen einer parlamentarischen Kommission (Assembly Committee on Public Health) wurde der Margarine= käse fast vollständig in das Ausland, namentlich nach England ausgeführt, wo er willige Abnehmer fand. (Fenner Commitee. Testimony, taken before Assembly Committee on Public Health in the matter of investigation into the subject of the manufacture and sale of oleomargarine-butter and lard-cheese. Hon. M. M. Fenner, chairman. 1881.)

Die ersten Untersuchungen des amerikanischen Margarinekäses wurden von A. Völcker (Milch=Zeitung 1882, Band 11, S. 438) und von P. Vieth (ebendort S. 519) ausgeführt. Die Prüfung ergab, daß der Schmalzkäse nicht gut schmeckte und wenig haltbar war; der

Oleomargarinkäse war in jeder Hinsicht besser, konnte aber doch nicht in Mitbewerb mit dem echten Milchfettkäse treten. Der damalige englische Minister Lord Chamberlain sprach sich im Jahre 1887 nicht ungünstig über den amerikanischen Margarinekäse aus.

Die gute Aufnahme, welche der amerikanische Margarinekäse auf dem englischen Markte fand, gab Veranlassung, daß auch in England und in ausgedehnterem Maße in Dänemark die Herstellung von Kunstfettkäse in Angriff genommen wurde. In letzterem Lande, wo man sich vielfach die ganzen Käsereieinrichtungen aus Amerika kommen ließ, wurden die Bestrebungen vornehmlich von den landwirthschaftlichen Kreisen gefördert, weil man glaubte, auf diese Weise den Magerkäse, für welchen es den Molkereien an Absatz fehlte, leichter verkäuflich machen zu können. Trotzdem in Dänemark auf die Herstellung des Margarinekäses große Sorgfalt verwandt wurde und die Erzeugnisse sich durch gute Beschaffenheit auszeichneten, blieb der Erfolg doch hinter den Erwartungen zurück.

Die ersten Versuche zur Herstellung von Margarinekäse in Deutschland wurden im Jahre 1883 ausgeführt. Der Erfolg war nur wenig befriedigend, die Sache kam nicht aus dem Versuchsstadium heraus und gerieth schließlich ganz in Stillstand. Die hauptsächlichste Ursache für den damaligen Mißerfolg war in dem Umstande zu suchen, daß in der Provinz Schleswig-Holstein, woselbst die gedachten Versuche zur Ausführung kamen, nur wenige Personen zu finden waren, welche mit den große Sorgfalt, Aufmerksamkeit und Sachkenntniß erfordernden Arbeiten der Fettkäserei hinreichend vertraut waren; man befaßte sich dort fast ausschließlich mit der Magerkäserei. Ferner war im Anfange der achtziger Jahre in Folge der Mangelhaftigkeit der Apparate nicht die Möglichkeit gegeben, die Magermilch mit dem Fette so innig zu mischen, daß die künstliche Fettmilch wie natürliche Vollmilch auf Fettkäse verarbeitet werden konnte.

Zu Ende der achtziger Jahre traten in diesen Verhältnissen entscheidende Aenderungen ein. Auf Betreiben der milchwirthschaftlichen Interessenten kam in Schleswig-Holstein die Fettkäserei nach Holländer Art mehr in Aufnahme und zahlreiche Personen wurden in diesem Zweige der Käserei ausgebildet. Ferner erfand ein dänischer Maschinenfabrikant, B. L. Jespersen in Huldborg bei Nykjöbing auf Falster, einen Apparat, den sogenannten Emulsor, mit dessen Hülfe es möglich ist, die Magermilch mit geschmolzenem Fett so innig zu mischen, daß die auf diese Weise gewonnene künstliche Fettmilch durchaus gleichmäßig ist und während hinreichend langer Zeit kein Fett abscheidet.[1]) Seitdem hat die Fabrikation von Margarinekäse in Deutschland sich von Neuem entwickelt.

3. Die Herstellung von Margarinekäse in Deutschland.

Soviel dem Kaiserlichen Gesundheitsamte bekannt ist, werden zur Zeit in Deutschland fünf Sorten von Margarinekäse hergestellt: Margarine-Edamer, -Gouda (-Holländer), -Romadour, -Limburger und -Münsterkäse. Die Versuche, Schweizerkäse mit Margarine zu machen, sind bisher fehlgeschlagen. Dem Gesundheitsamte hatte sich Gelegenheit geboten, im Besondern die Darstellung des Margarine-Edamerkäses in einem Betriebe näher kennen zu lernen.

---

[1]) Ein anderes, dem Gottfried Dierkind in Waren (Mecklenburg) unter Nr. 67 634 im Deutschen Reich vom 15. Mai 1892 ab patentirtes Verfahren zur Herstellung von Fettemulsionen beziehungsweise von Kunstfettmilch unter Verwendung von Leim oder Gelatine scheint bisher bei der Margarinekäserei noch nicht Anwendung gefunden zu haben.

Hierbei sind folgende Wahrnehmungen gemacht worden. Die Vollmilch (ein Gemisch von Abend- und Morgenmilch) wird auf 27 bis 30° C. angewärmt und centrifugirt; die dabei gewonnene Magermilch wird über einen Röhrenkühler, der sie auf 15 bis 16° C. abkühlt, in die Käsewanne gepumpt. Die Käsewanne besteht aus einem großen rechteckigen Kasten mit doppelten Wandungen; zwischen den Wandungen befindet sich Wasser, das durch Einleiten von Dampf erhitzt werden kann.

Die wichtigste Aufgabe bei der Margarinekäserei ist die Herstellung des künstlichen Margarinerahmes. Hierbei bedient man sich des dänischen Emulsors. Derselbe besteht aus einer kreisförmigen Metallscheibe, deren Oberflächen mit strahlenförmig (radial) vom Mittelpunkte ausgehenden Rinnen bedeckt sind. Die Scheibe dreht sich mit großer Geschwindigkeit um ihren Mittelpunkt als Axe in einem Metallmantel, dessen innerer Raum der Metallscheibe angepaßt und nur wenig größer als diese ist, so daß die Oberflächen der Metallscheibe die Wände des Mantels beinahe berühren. Oberhalb dieses Emulsors sind zwei mäßig große durch Dampf heizbare Bottiche mit doppelten Wandungen angebracht. In den einen Bottich wird das Zusatzfett, in den anderen Magermilch gebracht. Die Menge des Fettes wird so bemessen, daß auf 100 Liter zu verarbeitende Magermilch 3 kg Fett kommen; den zweiten kleinen Bottich beschickt man zur Herstellung des Kunstrahmes mit soviel Magermilch, daß ihr Gewicht etwa doppelt so groß ist als das des Fettes. Wenn z. B. 1000 Liter Magermilch zu verarbeiten sind, so stellt man den künstlichen Rahm aus 30 kg Fett und 60 kg Magermilch her. Magermilch und Fett werden in den Bottichen auf 60 bis 70° C. erhitzt, wobei das Fett schmilzt; in die erwärmte Milch giebt man eine abgemessene Menge der in Wasser löslichen Käsefarbe. Nunmehr läßt man die warme Magermilch und das geschmolzene Fett in den in Gang gesetzten Emulsor fließen und sorgt durch geeignete Einstellung der Ausfluß- hähne dafür, daß die Magermilch doppelt so rasch ausfließt als das geschmolzene Fett; beide Flüssigkeiten fließen in zusammenhängenden Strahlen aus. Fett und Magermilch gelangen in die schmalen Rinnen des Emulsors, der in der Minute etwa 5000 Umdrehungen macht, und werden dort aufs innigste gemischt; der auf diese Weise entstehende Rahm fließt als schaumige gleichmäßige Flüssigkeit in ein untergestelltes Gefäß.

Inzwischen ist die in der Käsewanne befindliche Magermilch mittelst Dampf auf 33° C. erwärmt worden; hierzu giebt man den künstlichen Rahm und mischt beide Flüssigkeiten sorg- fältig miteinander. Man erhält so eine künstliche Fettmilch mit etwa 3 vom Hundert Fett, die sich längere Zeit hält, ohne aufzurahmen oder Fett abzuscheiden. Die künstliche Fettmilch wird alsdann bei 33° C. mit soviel Labpulver versetzt, daß auf 100 Liter Milch 1 g Labpulver kommt, und die Mischung kräftig durchgerührt. Der Vorgang des Labens, während dessen die Temperatur von 33° C. beibehalten wird, dauert ³/₄ Stunden. Nach Verlauf dieser Zeit ist die künstliche Fettmilch zu einer festen Gallerte erstarrt. Nachdem der Meier durch ein einfaches Verfahren festgestellt hat, daß der „Bruch" die richtige Beschaffenheit hat, d. h. daß die Milchgallerte die nöthige Festigkeit hat, wird die ganze gallertige Masse mit Hülfe besonderer Schneidevorrichtungen in kleine Würfel von etwa 1 bis 1¹/₂ cm Kantenlänge zerschnitten. Nunmehr wird die ganze Masse zunächst langsam umgerührt und die Temperatur allmählich auf 46 bis 47° C. erhöht; dabei wird fortwährend umgerührt und dies 1¹/₂ Stunden fortgesetzt. Durch das Umrühren bei höherer Temperatur verliert der „Bruch", d. h. die in kleine Stückchen zerschnittene gallertige Masse, erhebliche Mengen wässerige Flüssigkeit und zieht sich stark zusammen; die sich abscheidende wässerige Flüssigkeit bildet die sogenannten Fettmolken. Bei der Herstellung des echten Edamerkäses wird der Bruch nur auf etwa 36° C. erwärmt; bei der Darstellung des Margarine-Edamerkäses wurde die Temperatur höher genommen, um den Käse, der zur Ausfuhr bestimmt war, wasserärmer, trockener und deshalb haltbarer zu machen.

Nachdem der Bruch und die Molken 1½ Stunden umgerührt sind, läßt man die Molken abfließen (sie werden zur Schweinefütterung benutzt). Alsdann wird der Bruch möglichst rasch, damit er sich nicht abkühlt, tüchtig durchgearbeitet, bis er trocken erscheint; gleichzeitig giebt man Salz hinzu, und zwar auf je 100 Liter verarbeitete Magermilch ½ Pfund Salz. Der aus zahlreichen kleinen Stückchen bestehende Käsebruch wird in kugelförmige Formen aus Holz (sogenannte Käseköpfe), welche kleine Löcher zum Abfließen der Molken haben, gebracht und mit den Händen gepreßt. Nach kurzer Zeit werden die Käse, die jetzt schon die Kugelgestalt beibehalten, aus den Formen herausgenommen, mit einem groben Leinentuch umwickelt und umgekehrt in andere gleichartige Käseformen gebracht. Die Käse kommen dann zusammen mit den Formen in die Käsepresse, wo sie 4 bis 6 Stunden einem mäßigen Drucke ausgesetzt werden. Nach Verlauf dieser Zeit werden die Käse aus den Formen herausgenommen, in mit warmem Wasser befeuchtete feinere Leinentücher gewickelt, wieder in die Formen zurückgegeben und nochmals 2 Stunden in der Käsepresse ausgepreßt; bei jedem Pressen verlieren die Käse eine gewisse Menge Molken.

Nachdem die Käse die Presse verlassen haben, werden sie in offene Kugelformen, die sogenannten Standformen, gebracht, wo sie 36 Stunden verbleiben. Dann kommen sie 3 Tage in eine gesättigte Salzlake; um diese stets gesättigt zu erhalten, wird dafür Sorge getragen, daß am Boden des Behälters stets eine dicke Schicht ungelöstes Salz liegt. Die Salzlake ist so konzentrirt, daß die Käse darin schwimmen; sie werden durch aufgelegte Bretter unter der Oberfläche der Salzlake gehalten. Die aus der Salzlake entfernten Käse werden 1 Tag zum Abtropfen hingestellt und kommen dann in den Lagerraum, wo sie auf Bretter mit kegelförmig gebohrten, passenden Löchern gelegt werden. Damit der Wassergehalt gleichmäßig in der ganzen Masse vertheilt wird und die Käse die kugelförmige Gestalt beibehalten, werden die Käse häufig umgedreht. In dem Lagerraume, dessen Temperatur dauernd auf 14 bis 18° C. gehalten wird, verbleiben die Käse 4 Wochen. Dann wird ihnen mit Hülfe einer kleinen Drehmaschine eine gleichmäßige Kugelgestalt gegeben; sie werden zu je 16 Stück in Kisten verpackt und in die vom Großhandel eingerichteten Lagerräume gesandt. In diesen Käsekellereien wird die Waare, nachdem ihr Gewicht festgestellt ist, bis zur völligen Reifung gelagert, hierauf nochmals abgedreht und mit einer rothen Anilinfarbe bestrichen. Die in das Ausland gehenden Käse werden mit einer thierischen Blase umwickelt.

4. Die sanitäre Beurtheilung des Margarinekäses.

Der Margarinekäse ist nicht ein Ersatzmittel für den Käse im Allgemeinen, sondern nur für den Fettkäse; er ist nicht ein käseähnliches Kunsterzeugniß, sondern ein wirklicher Käse, der sich von dem echten Fettkäse nur dadurch unterscheidet, daß sein Fettgehalt nicht ausschließlich der Milch entstammt, vielmehr fast ganz aus fremden, künstlich zugesetzten Fetten besteht. Die anderen Nährbestandtheile des Margarinekäses entstammen dagegen, wie bei dem echten Fettkäse, der Milch.

Noch in einem zweiten Punkte ist das Verhältniß des Margarinekäses zum echten Fettkäse anders zu beurtheilen als das Verhältniß der Margarine zur Naturbutter. Der Nährwerth der Butter und Margarine beruht fast ausschließlich auf ihrem Fettgehalte, der bei beiden verschiedenen Ursprunges und von verschiedenem Werthe ist. Bei dem Käse ist dagegen der für die Ernährung wichtigste Bestandtheil der Käsestoff, ein stickstoffhaltiger Eiweißkörper, der wenigstens theilweise die Fleischnahrung zu ersetzen vermag; dieser Bestandtheil ist allen Käsesorten, auch dem Margarinekäse, gemeinsam. Der Fettgehalt des Käses kommt dem gegenüber erst in zweiter Linie in Betracht. Selbstverständlich ist auch das Fett des Käses ein werthvoller Nährstoff, aber doch nicht in dem Maße, daß man etwa Fettkäse verzehrte, um dem Körper das darin enthaltene Fett zuzuführen. Man hat wohl ursprünglich in dem Käse das Milchfett belassen, weil er dadurch ganz erheblich an Geschmack und anderen Eigenschaften gewinnt; auch der Magerkäse ist ein werthvolles Nahrungsmittel, da er große Mengen eines billigen Eiweißstoffes enthält.

Bei der sanitären Beurtheilung des Margarinekäses ist in erster Reihe das zu seiner Herstellung verwendete Fett zu berücksichtigen. Soweit das Kaiserliche Gesundheitsamt hiervon hat Kenntniß erlangen können, werden zwar nicht gerade die feinsten Sorten zur Margarinekäsefabrikation verwendet; indessen ist das Fett auch nicht von schlechter Beschaffenheit. Früher soll erheblich minderwerthigeres Fett zur Anwendung gekommen sein; bei der Herstellung des Limburger Käses soll dies noch heutzutage der Fall sein.

Bei der Bereitung des Margarinekäses scheint man sich neben dem Oleomargarin hauptsächlich des Schweineschmalzes zu bedienen; wenigstens ist in der Literatur meist vom „Schmalzkäse" die Rede. Fertige Margarine findet, soweit zu ermitteln, niemals Anwendung, sondern stets klar schmelzende, nicht emulgirte Fette. Bezüglich der Beschaffenheit des Oleomargarins und des Neutral-Lards müssen, mit gewissen Einschränkungen, die Bedenken geltend gemacht werden, die auch bei der Beurtheilung der Margarine hervorgehoben wurden. Darüber, ob es möglich ist, mit verdorbenen und gesundheitsschädlichen Fetten verkaufsfähigen Margarinekäse herzustellen, sind Untersuchungen noch nicht angestellt worden. Ob in den Fetten etwa enthaltene Zersetzungsprodukte oder Stoffwechselerzeugnisse von Spaltpilzen bei dem Herstellen und Reifen des Margarinekäses zerstört werden, erscheint zum Mindesten zweifelhaft.

Sind in dem zur Bereitung des Margarinekäses verwendeten Fette krankheitserregende Spaltpilze enthalten, so liegen die Verhältnisse bei dem Margarinekäse etwas günstiger als bei der Margarine. Bei der Darstellung des künstlichen Margarinerahmes wird das Fett meist etwa $^1/_2$ Stunde (mitunter auch länger) auf 60 bis 70° C. erhitzt, wobei manche krankheitserregenden Keime abgetödtet werden. Ob der Labvorgang, das dreitägige Verweilen des Margarinekäses in der gesättigten Salzlösung und das Lagern und Reifen desselben, das etwa 3 Monate in Anspruch nimmt, schädigend auf etwa vorhandene krankheitserregende Bakterien einwirkt, muß erst noch festgestellt werden. Einige Versuche von B. Galtier (Comptes rendus des séances de l'Académie des Sciences 1887, Bd. 104, S. 1333) haben ergeben, daß sich in dem aus Milch, welche mit tuberkulösen Organtheilen versetzt war, gewonnenen Käse die Tuberkelkeime mitunter länger als zwei Monate entwickelungsfähig und übertragbar hielten. Diese wenigen Versuche lassen indessen bis jetzt ein sicheres Urtheil über diese Frage nicht zu.

Ueber den Nährwerth und die Verdaulichkeit des Margarinekäſes liegen bisher Unter=
ſuchungen nicht vor. Der Käſeſtoff der Margarinekäſe iſt ſelbſtverſtändlich ebenſo leicht ver=
daulich wie der der entſprechenden echten Milchfettkäſe; denn beide Käſearten werden in der
gleichen Weiſe hergeſtellt, und der Käſeſtoff entſtammt in beiden Fällen der Milch. Ein
Unterſchied in der Verdaulichkeit des Margarinekäſes und des echten Milchfettkäſes könnte nur
in Bezug auf das darin in großer Menge enthaltene Fett beſtehen. Sofern bei der Bereitung
des Margarinekäſes Oleomargarin, Schweineſchmalz und Pflanzenöle benutzt werden, darf er
als nahezu ebenſo leicht verdaulich angeſehen werden als der echte Milchfettkäſe; denn gegen
die genannten Fette beſtehen hinſichtlich der Verdaulichkeit keinerlei Bedenken. Dies wäre nur
der Fall, wenn an deren Stelle Stearin (Preßtalg) verwendet würde; daß dies geſchieht,
darüber iſt zur Zeit nichts bekannt.

Aus den vorſtehenden Darlegungen ergiebt ſich, daß der unter Verwendung tadelloſer
Fette mit der nöthigen Sorgfalt hergeſtellte Margarinekäſe ein gutes Nahrungsmittel iſt, das
als Erſatzmittel für die echten Milchfettkäſe dienen kann. Es muß aber aus den gleichen
Gründen wie bei der Margarine darauf gedrungen werden, daß der Margarinekäſe zu einem
ſeinem wirklichen Werthe entſprechenden Preiſe verkauft und nicht betrügeriſcherweiſe als echter
Milchfettkäſe in den Verkehr gebracht wird; ſonſt kommt der Vortheil der billigeren Herſtellung
nicht dem Gemeinwohl, ſondern nur wenigen Intereſſenten zu gute.

5. Zur wirthſchaftlichen Beurtheilung des Margarinekäſes.

Während es als feſtſtehend erachtet werden darf, daß die Entwickelung der Margarine=
induſtrie und die Ausbreitung dieſes Fetterzeugniſſes einen ungünſtigen Einfluß auf die
wirthſchaftliche Lage des milchwirthſchaftlichen Gewerbes ausgeübt hat, herrſcht ſelbſt in den
Kreiſen der Milchwirthe keine volle Einigkeit darüber, ob die Margarinekäſeinduſtrie dem
Meiereibetriebe der Landwirthe ſchadet oder nicht.

Nach zuverläſſigen Mittheilungen, welche das Kaiſerliche Geſundheitsamt erhalten hat,
beträgt in einer Mecklenburger Molkerei, die ſich mit der Herſtellung von Margarinekäſe
befaßt, der Roherlös für ein Kilogramm Magermilch 2,84 Pfennig und der Reinerlös nach
Abzug der Unkoſten 2,09 Pfennig. Eine in gleicher Lage befindliche Gutsmolkerei in Schleswig=
Holſtein berechnet ihren Roherlös für ein Kilogramm Magermilch auf 2,64 Pfennig. Im
Vergleich mit dem bei den übrigen Verwendungsweiſen der Magermilch erzielten Gewinn
ergiebt ſich für die Molkereien, die ſich mit der Herſtellung des Margarinekäſes befaſſen, ein
Mehrgewinn von einem geringen Bruchtheil eines Pfennigs für das Kilogramm Magermilch.
Dieſem kleinen Vortheile ſtehen indeſſen nicht unerhebliche Nachtheile gegenüber. Der Vortheil
kann nur Einzelnen unter den Milchwirthen zu gute kommen, da es in Folge Mangels an
Abſatz unmöglich iſt, daß eine große Anzahl von Molkereien ſich auf die Herſtellung von
Margarinekäſe verlegt. Thatſächlich liegen die Verhältniſſe ſo, daß bisher die meiſten
Molkereien ſich nur kurze Zeit damit befaßten und dann die Fabrikation wieder auf=
gaben, ſei es, daß ſie ihnen nicht vortheilhaft genug erſchien, ſei es wegen ſonſtiger Unzu=
träglichkeiten.

Vom Standpunkte der Volksernährung läßt ſich das von manchen Seiten ge=
wünſchte gänzliche Verbot der Herſtellung des Margarinekäſes nicht rechtfertigen. Der letztere
iſt, wenn er mit Anwendung guter Fette und mit der nöthigen Sorgfalt hergeſtellt wird, ein

vortreffliches Nahrungsmittel, das den Magerkäse an Wohlgeschmack weit übertrifft. Es liegt keine Veranlassung vor, den minderbemittelten Kreisen der Bevölkerung den Genuß dieses Ersatzmittels für den echten Milchfettkäse zu entziehen; es muß nur dafür Sorge getragen werden, daß der Margarinekäse unter diesem Namen und zu einem seinem Werthe entsprechenden Preise verkauft wird.

Der gegenwärtig hergestellte und in den Handel gebrachte Margarinekäse ist den entsprechenden echten Milchfettkäsen in Bezug auf die äußeren Eigenschaften: Gestalt, Farbe und Verpackung, täuschend ähnlich. Er gleicht ferner bei sorgfältiger Herstellung und Reifung dem echten Milchfettkäse so sehr, daß der gewöhnliche Käufer nicht in der Lage ist, beide Käsesorten durch Geruch und Geschmack zu unterscheiden. In diesem Umstande liegt die große Gefahr, daß der Margarinekäse betrügerischer Weise an Stelle der entsprechenden Milchfettkäse verkauft wird.

Dem wird vorgebeugt durch die in dem vorliegenden Gesetzentwurf enthaltenen Bestimmungen über die Kennzeichnung des für den Handel bestimmten Margarinekäses sowie über die Aufbewahrung, Verpackung, Feilhaltung ꝛc. dieser Waare. Das Verbot der Mischung von Margarinekäse und echtem Milchfettkäse erschien entbehrlich, weil die Vermischung fertiger Käse technisch nicht möglich ist.

6. Die chemische Untersuchung des Margarinekäses.

Die Untersuchung des Margarinekäses auf seinen Nährwerth und auf Verfälschungen im Sinne des Nahrungsmittelgesetzes erfolgt in gleicher Weise wie bei dem echten Milchfettkäse. Von größerer Bedeutung für die Ausführung des vorliegenden Gesetzentwurfes nach seiner Annahme wird die Aufgabe sein, die beiden Käsearten von einander zu unterscheiden und namentlich auch in den als echte Milchfettkäse verkauften Erzeugnissen die Gegenwart von fremden, nicht der Milch entstammenden Fetten nachzuweisen.

Der Margarinekäse enthält in Folge seiner Herstellung aus Magermilch, die nie ganz fettfrei ist, stets kleinere oder größere Mengen Butterfett, und zwar um so mehr, je fettreicher die Magermilch ist. Der Zusammenhang, welcher zwischen dem Fettgehalte der Magermilch und dem Milchfettgehalte des aus dieser Magermilch unter Zusatz von fremden Fetten hergestellten Margarinekäses besteht, möge an dem Beispiele der Bereitung eines Margarine-Edamerkäses erläutert werden. Die dabei verwendete Magermilch habe noch 0,2 vom Hundert Fett enthalten und der Gesammtfettgehalt des fertigen Edamer Käses betrage 25 vom Hundert. Zur Herstellung von 1 kg Margarine-Edamerkäse sind im Mittel 8 kg Magermilch erforderlich. Da die Magermilch 0,2 vom Hundert Fett enthält, so waren in 8 kg Magermilch 16 g Fett vorhanden. Diese 16 g Milchfett gelangen in 1 kg Edamer Käse, denn bei der Bereitung dieses Käses geht von der kleinen Menge Milchfett fast nichts in die Molken. In 100 Gewichtstheilen des fertigen Edamer Käses sind somit 1,6 Gewichtstheile Milchfett. Da der Margarine-Edamerkäse in 100 Gewichtstheilen 25 Gewichtstheile Gesammtfett enthält, so finden sich in den 25 Gewichtstheilen Gesammtfett 1,6 Gewichtstheile Milchfett und in 100 Gewichtstheilen des Gesammtkäsefettes finden sich 6,4 Gewichtstheile Milchfett. Hätte die Magermilch noch 0,4 vom Hundert Fett besessen, so wären in 100 Gewichtstheilen des Gesammtkäsefettes 12,8 Gewichtstheile Milchfett enthalten.

Um das in einem Käse enthaltene Fett untersuchen zu können, muß es zunächst aus demselben ausgezogen und in reinem Zustande gewonnen werden. Dies war bis vor Kurzem mit Schwierigkeiten verknüpft. Man pflegte den Käse zu zerkleinern und zu trocknen und das Fett mit Aether oder einem anderen Lösungsmittel auszuziehen. Gleichzeitig mit dem Fette werden dem Käse dabei jedoch andere Stoffe entzogen, welche die Untersuchung des Fettes ungünstig beeinflussen können; namentlich gelangen dabei auch die bei der Reifung des Käses in kleiner Menge entstehenden flüchtigen Fettsäuren in das gewonnene Käsefett und erhöhen die Reichert-Meißl'sche Zahl desselben. Ferner wurde auch die Befürchtung ausgesprochen, daß das Fett des Käses bei dem Reifen Veränderungen erleide, welche die Untersuchung desselben erschwerten.

Lfd. Nr.	Bezeichnung der Proben	In 100 Theilen Käse waren enthalten Theile:						Des Käsefettes		Untersucht von
		Wasser	Eiweißstoffe	Fett	Andere organische Stoffe (Milchzucker u. s. w.)	Mineralbestandtheile (Asche)	Kochsalz (Chlornatrium)	ReichertMeißl'sche Zahl (flüchtige Fettsäuren)	Hehner'sche Zahl (unlösliche Fettsäuren)	
1	Amerikanischer Schmalzkäse . . .	38,26	27,37	21,70	8,29	4,38	1,25	—	—	A. Völcker.
2	„ Oleomargarinkäse .	37,65	24,87	25,95	8,17	3,36	9,62	—	—	
3	„ Schmalzkäse . . .	38,26	—	21,07	—	5,12	—	—	90,46	P. Vieth.
4	„ Oleomargarinkäse .	37,99	—	23,70	—	3,66	—	—	91,82	
5	„ Margarinekäse . .	30,60	30,80	27,70	—	3,60	—	3,00	—	Chattaway u. s. w.
6	Deutscher Margarinekäse . . .	55,25	16,48	22,32	6,68	4,90	—	4,01	93,83	M. Kühn.
7	Desgl. . . .	46,59	21,67	23,11	8,63	6,51	—	4,18	94,41	
8	Margarine-Holländerkäse	40,32	24,89	23,96	5,59	5,24	2,69	3,30	—	
9	„ -Edamerkäse	42,00	25,35	24,24	3,01	5,40	2,69	3,30	—	C. Bischoff.
10	„ -Limburgerkäse	52,58	25,35	14,14	2,73	5,20	2,81	4,51	—	
11	„ -Romadourkäse Von	45,24	23,10	26,14	0,62	4,90	2,92	5,50	—	
12	„ -Edamerkäse A. L.	34,77	27,83	26,97	—	—	—	3,19	—	
13	„ -Goudakäse Mohr	36,65	25,49	28,25	—	—	—	4,07	—	Kaiserl.
14	„ -Limburgerkäse	46,92	21,39	27,04	—	—	—	2,97	—	Gesundheitsamt
15	„ -Romadourkäse	37,75	21,81	34,46	—	—	—	2,31	—	
16	„ -Münsterkäse	48,70	22,00	25,17	—	—	—	2,09	—	

Ganz neuerdings wurde von O. Henzold in der milchwirthschaftlichen Versuchsstation zu Kiel ein Verfahren ausgearbeitet, welches diese Schwierigkeiten überwindet und die Gewinnung des Käsefettes in reinem Zustande gestattet (Milch-Zeitung 1895, Bd. 24, S. 732). Wenn man nämlich den in kleine Stücke zerschnittenen Fettkäse mit einer Kalilauge, die 50 g Kaliumhydrat im Liter enthält, bei etwa 22° C. kräftig schüttelt, so löst sich der Käse in kurzer Zeit auf, während das Fett in Gestalt kleiner Klümpchen an der Oberfläche schwimmt; diese Klümpchen bestehen bei echtem Milchfettkäse aus Butter, bei Margarinekäse aus Margarine. Man vereinigt dieselben, kühlt den größeren Klumpen durch Zusatz von kaltem Wasser ab, wäscht ihn mit Wasser, knetet ihn und schmilzt ihn schließlich aus. Man gewinnt auf diese Weise das reine Käsefett ohne jede andere Beimischung.

Das in reinem Zustande gewonnene Käsefett wird nach denselben Verfahren untersucht wie das ausgeschmolzene Butterfett; die Genauigkeit und Sicherheit der Untersuchung ist die gleiche wie bei der Prüfung der Butter auf fremde Fette und der Margarine auf einen Gehalt an Butterfett. Henzold wies mit Hülfe seines Verfahrens nach, daß das Fett bei der Bereitung und dem Reifen des Käses merkbare Veränderungen nicht erleidet.

Bisher liegen nur wenige Untersuchungen über die Zusammensetzung des Margarinekäses vor. Die ersten Untersuchungen wurden von A. Völcker (Milch-Zeitung 1882, Bd. 11, S. 438) und P. Vieth (ebendort S. 519) ausgeführt. Später befaßten sich auch W. Chattaway, T. H. Pearman und C. G. Moor (Analyst 1894, Bd. 19, S. 145), ferner M. Kühn (Chemiker-Zeitung 1895, Bd. 19, S. 554, 601 und 648) und C. Bischoff mit diesem Gegenstande. Auch im Kaiserlichen Gesundheitsamte ist eine Anzahl Margarinekäse untersucht worden. In der vorstehenden Tafel sind die Ergebnisse der bis jetzt vorliegenden Untersuchungen über den Margarinekäse zusammengestellt.

V. Ueber Schweineschmalz und Kunstspeisefett.

1. Die Herstellung und Verfälschung des Schweineschmalzes.

Die Gewinnung des Schweineschmalzes (in Norddeutschland auch schlechthin „Schmalz", in Süddeutschland „Schweinefett" genannt), die mit dem Schlächtereigewerbe in nahem Zusammenhange steht, hat sich in Deutschland nur vereinzelt zu einer Großindustrie entwickelt. Das im Inlande erzeugte Schweineschmalz wird in zahlreichen Schlächtereien durch Ausschmelzen von Schweinefett, meist in Kesseln über freiem Feuer, dargestellt. Im Allgemeinen verwendet man nur das im Inneren des Schweines befindliche Fett, das Eingeweidefett (Gekrösefett), das Netzfett (Liesen-, Flohmen-, Flaumen-, Lünten- oder Schmeerfett), das Nierenfett u. s. w., seltener den Rücken- und Bauchspeck, da dieser in anderer Form besser verwerthet werden kann; der Speck wird entweder für sich gepökelt und geräuchert (sogenannte Speckseiten) und dient als weitverbreitetes Nahrungsmittel, oder er bleibt bei mageren Schweinen mit dem daruntersitzenden Fleisch vereinigt.

Nur aus besonderen Veranlassungen pflegen in Deutschland der Speck und andere fetthaltige Körpertheile des Schweines zur Gewinnung von Schweineschmalz benutzt zu werden. In manchen Städten dürfen trichinös oder finnig befundene Schweine nur insofern zu Nahrungszwecken herangezogen werden, als das aus ihnen bereitete Schmalz in den freien Verkehr gelangen darf; derartige Schweine werden ganz ausgebraten und auf Schmalz verarbeitet. Auch sonst können Fälle vorkommen, in denen es zweckmäßig ist, das Rücken-, Bauch- und Kopffett des Schweines als Schmalz zu gewinnen, wenn z. B. für Speckseiten der Absatz fehlt.

Ein erheblicher Theil des im Reich zum Verzehr gelangenden Schweineschmalzes wird aus dem Auslande eingeführt. Wie aus der nachstehenden Zusammenstellung auf der folgenden Seite ersichtlich ist, sind bei der Einfuhr von Schweineschmalz und ähnlichen Fetten die Vereinigten Staaten von Amerika weitaus am meisten betheiligt; daneben kommt nur noch Oesterreich-Ungarn in Betracht.

Die nachstehenden Zahlen lehren, daß das amerikanische Schweineschmalz für den deutschen Markt eine große Bedeutung hat. Es ergiebt sich hieraus die Nothwendigkeit, auch die in Amerika übliche Herstellung und die dort vorkommenden Verfälschungen des Schweineschmalzes in den Kreis der Betrachtungen zu ziehen.

Einfuhr und Ausfuhr von Schmalz, Lanolin u. s. w. (Nr. 730 des amtlichen Waarenverzeichnisses).

	Gesammt-Einfuhr		Einfuhr aus den Vereinigten Staaten von Amerika		Gesammt-Ausfuhr	
	Menge Doppel-Ctr.	Werth Mark	Menge Doppel-Ctr.	Werth Mark	Menge Doppel-Ctr.	Werth Mark
1891	863 367	56 766 000	733 369	48 219 000	15 187	1 519 000
1892	991 463	77 334 000	854 546	66 655 000	8 148	1 776 000
1893	729 665	69 318 000	574 235	54 552 000	7 765	1 023 000
1894	808 233	64 659 000	735 936	58 875 000	4 127	620 000
1895 (1. Januar bis 30. September)	534 460	42 757 000	495 277	—	1 171	345 000

Die Verhältnisse der Schweineschmalzindustrie sind in den Vereinigten Staaten von Amerika ganz andere als in Deutschland. Dort liegt die Schmalzbereitung, soweit das nach Deutschland kommende Erzeugniß in Frage kommt, fast ausschließlich in den Händen der großen Schlächtereien und Packhäuser (packing houses) in Chicago, Cincinnati, St. Louis, Kansas-City u. s. w. Diese Schlächtereien verarbeiten vielfach fast das ganze Schwein auf Schmalz; das amerikanische Schwein ist im Allgemeinen erheblich fetter als das deutsche und giebt daher eine gute Ausbeute an Schmalz. Nur verhältnißmäßig wenig Speck wird in Amerika gepökelt und geräuchert. Der Speck des amerikanischen Schweines ist, wahrscheinlich in Folge der Fütterung mit Mais, nicht körnig, fest und weiß, wie der deutsche Speck, sondern ölig oder thranig, weich und durchscheinend und findet daher nur selten den Beifall der Käufer; er wird daher meist auf Schmalz verarbeitet.

Je nach den Fetttheilen des Schweines, die ausgeschmolzen werden, und nach der Art des Ausschmelzens unterscheidet man in den Vereinigten Staaten verschiedene, besonders bezeichnete und getrennt von einander gehaltene Schmalzsorten. Seitens der Handelsbörsen, Handelskammern u. s. w. der Städte, in welchen sich der Schmalzhandel zusammendrängt, werden Vorschriften erlassen, aus welchen Theilen des Schweines bestimmte Schmalzsorten hergestellt sein sollen; besondere Beschauer haben die Aufgabe, die ordnungsmäßige Herstellung und Beschaffenheit der an der Börse gehandelten Schmalzsorten zu prüfen. Diese Anordnungen, z. B. die „Regulations of the Chicago Board of Trade", die „Rules etablished by the Chamber of Commerce of Cincinnati" und der „Report of the New York Produce Exchange for the Year 1880" sind werthvolle Anhaltspunkte zur Unterscheidung der einzelnen Schmalzsorten; weitere Angaben hierüber findet man in dem Werke: „Foods and Food Adulterants. Part fourth: Lard and Lard Adulterations. By H. W. Wiley. U. S. Department of Agriculture, Division of Chemistry, Bulletin Nr. 13". Washington 1889, S. 405, ferner in der amtlichen Druckschrift: „American Pork. — Result of an Investigation made under Authority of the Department of State of the United States." Washington 1881, S. 11, sowie in der Senatsdrucksache: „Senate. 48th Congress, 1st Session. Report Nr. 345", S. 292, 295 und 307.

Nach Maßgabe der genannten Quellen unterscheidet man in den Vereinigten Staaten zunächst drei Gruppen von Schmalzsorten:

1. Schmalz, gewonnen durch Auslassen von Schweinefett über freiem Feuer; dieses ursprünglichste Verfahren, dessen sich die Farmer und Hausfrauen bedienen, wird von den großen Ausfuhrhäusern nicht angewandt.

2. Schmalz, gewonnen durch Auslassen von Schweinefett in doppelwandigen, offenen Kesseln, die durch Dampf erhitzt werden. Der Dampf wird in den Raum zwischen den doppelten Wandungen des Kessels, der mit Wasser gefüllt ist, geleitet und kommt mit dem Schmalz nicht in Berührung. Die auf diese Weise hergestellten Schmalzsorten werden „kettle-rendered lard" (im Kessel ausgelassenes Schmalz) genannt. Ihre Bereitung erfordert mehr Sorgfalt und sie werden höher geschätzt als die folgenden Schmalzsorten.

3. Schmalz, gewonnen durch Auslassen von Schweinefett in eisernen Kesseln unter Druck durch unmittelbare Einwirkung von Dampf. Die auszuschmelzenden Körpertheile des Schweines werden in cylinderförmige Kessel aus Stahl gebracht, die oft eine Länge von 3 bis 4 m und einen Durchmesser von 1 bis 1,5 m haben. Nachdem der Kessel luftdicht verschlossen ist, wird Dampf hineingeleitet; der Druck in dem Kessel steigt auf etwa 2,5 bis 2,75 Atmosphären und die Temperatur auf etwa 130° C. Nachdem dieser Druck und diese Temperatur 12 bis 16 Stunden eingewirkt haben, wird das Schmalz durch Hähne abgelassen; Druck und Temperatur sind so hoch, daß die in den Kessel gebrachten Knochen erweichen. Das auf diese Weise gewonnene Schmalz wird „steam lard (Dampfschmalz)" genannt; das nach Deutschland kommende amerikanische Schweineschmalz besteht, soweit es unverfälscht ist, aus Dampfschmalz.

Je nach den Körpertheilen des Schweines, aus denen das Schmalz gewonnen wird, unterscheidet man folgende Sorten:

1. Neutral lard (Neutralschmalz). Die Bereitung dieser feinsten Schmalzsorte wurde bereits bei der Besprechung der Margarinefabrikation beschrieben; es ist ein „kettle-rendered lard" und wird fast ausschließlich bei der Herstellung der Margarine verwendet.

2. Leaf lard (Liesenschmalz). Früher wurde das Liesenschmalz durch Ausschmelzen der ganzen Liesen mit Dampf unter Druck hergestellt. Jetzt verwendet man die Liesen meist zur Bereitung von Neutral-Lard, welches besser bezahlt wird. Hierbei wird, wie bereits an früherer Stelle erwähnt wurde, nur ein Theil des Fettes ausgeschmolzen; den Rest verarbeitet man auf Liesenschmalz. Dasselbe ist ein Dampfschmalz.

3. Choice kettle-rendered Lard oder Choice lard (ausgewähltes Schmalz). Dieses Schmalz wird aus den Liesen, die nicht auf Neutral-Lard verarbeitet werden, und aus Rückenspeck hergestellt. Letzterer wird von der Schwarte befreit, zusammen mit den Liesen durch Maschinen in kleine Stücke zerrissen und dann in doppelwandigen, offenen Kesseln ausgelassen. Das Choice lard wird mitunter auch als Dampfschmalz dargestellt; nach den Vorschriften der Chicagoer Börse soll dies aber auf jedem Fasse angegeben sein.

4. Prime steam lard (bestes Dampfschmalz). Zur Bereitung dieses Schmalzes sollen sämmtliche Fetttheile des Schweines in dem Verhältnisse verwendet werden, in welchem sie sich bei dem Schweine finden; häufig sind davon aber die Liesen und der Rückenspeck ausgeschlossen. Gesalzene Fettstücke dürfen nicht benutzt werden; auch soll das Dampfschmalz nicht durch Maschinen verrührt oder in anderer Weise bearbeitet sein.

5. Butcher's lard (Schlächterschmalz). Dieses Schmalz wird über freiem Feuer

ausgelassen; es bleibt sämmtlich im Inlande und wird nicht ausgeführt. In New-York wird es „New York City Lard" genannt.

6. Off grade lard wird aus gesalzenem Speck gemacht; es ist minderwerthig.

Außer diesen Speiseschmalzsorten werden aus dem Schweinefett noch folgende, zu technischen Zwecken dienende Erzeugnisse gewonnen:

1. Dead hog grease (Fett aus gefallenen Schweinen). Dieses Fett wird aus Schweinen gewonnen, die auf dem Transport erstickt oder erfroren sind; Schweine, die an Krankheiten gestorben sind, werden nur da verwendet, wo einzelstaatliche Gesetze nicht entgegenstehen. Aus den Eingeweiden wird „brown grease", aus den sonstigen Theilen „white grease" gewonnen.

2. Yellow grease (Gelbes Fett) wird aus den Abfällen der Packhäuser gewonnen.

3. Pigs-foot grease (Schweinefüßefett) wird in den Leimfabriken aus Schweinsfüßen dargestellt.

Von den genannten Schmalzsorten ist das in großen Mengen hergestellte prime steam lard für die Ernährung des Volkes am wichtigsten. Dasselbe ist ein Rohschmalz, das noch in keiner Weise bearbeitet ist. In diesem Zustande ist es weich, fast ölig, unansehnlich, bei niedriger Temperatur hart und körnig und nicht verkaufsfähig. Um das Rohschmalz den Anforderungen der Käufer anzupassen, begann man in den Vereinigten Staaten schon in den vierziger Jahren das Schmalz zu raffiniren, indem man ihm einen Theil seiner öligen Bestandtheile entzog. Hierbei verfuhr man in derselben Weise, wie bei der Herstellung des Oleomargarins beschrieben ist. Das Rohschmalz wird geschmolzen und bei 10 bis 15° C. zum Krystallisiren bei Seite gestellt. Dann wird es im Winter bei 7 bis 13° C., im Sommer bei 13 bis 18° C. in derselben Weise wie der „premier jus" ausgepreßt. Das abfließende Oel, Schmalzöl (Lard Oil) genannt, wird zu Beleuchtungszwecken und als Schmieröl, mitunter auch bei der Herstellung der Margarine und in anderer Form zu Speisezwecken verwendet. Das zurückbleibende feste Fett, Schmalzstearin (Lard Stearine) genannt, wird mit gewöhnlichem Dampfschmalz in solchem Verhältniß gemischt, daß die Mischung eine hinreichende Steifigkeit hat. Dieses Erzeugniß wurde unter dem Namen „refined lard" (raffinirtes Schmalz) in den Handel gebracht und beherrschte fast den ganzen Markt. Das Raffiniren des Schmalzes wurde theils in den Packhäusern, theils in besonderen Schmalzraffinerien besorgt.

Später (etwa seit dem Jahre 1880) machte man sich in vielen derartigen Raffinationsanstalten (in einzelnen wohl schon viel früher) die ziemlich umständliche Arbeit des Raffinirens leichter, indem man an Stelle von Schmalzstearin andere fremde Fette zu dem Rohschmalz setzte; dieses verfälschte Schmalz wurde ebenfalls unter dem seit langer Zeit eingeführten Namen „refined lard" vertrieben. Offenkundig wurde dieses Treiben zuerst durch einen Prozeß, den die Firma Peter Mc Geoch, Everingham & Co. im Jahre 1883 vor dem Schiedsgerichte der Börsenältesten (Board of Directors of the Board of Trade) zu Chicago gegen die Firma Anglo-American Packing and Provision Company (Fowler Brothers) führte. Die in diesem sowohl jenseits als diesseits des Weltmeeres Aufsehen erregenden Prozesse geführten Verhandlungen sind in einem besonderen Druckhefte: „Mc Geoch, Everingham & Co. v/s Fowler Brothers. Charges, Responses and Evidences submitted with Findings of the Board of Directors of the Board of Trade of the City of Chicago, August 1883. Chicago 1883" zusammengestellt; das Druckheft, welches nicht die stenographischen Zeugenaussagen enthält, wird vielfach durch Berichte von Tageszeitungen, insbesondere der Chicago Tribune, der Chicago Times und der Illinois=Staatszeitung ergänzt. In dem Prozesse wurde durch Zeugen festgestellt, daß die beklagte Firma bei der Herstellung von „prime steam lard“ und von „refined lard“ neben Schweinefett auch Ochsentalg, Hammeltalg, Kuhknochen, Baumwollsamenöl, sowie Abfälle von der Margarinefabrikation und aus den Räumen, in denen Fleisch in Büchsen verpackt wird (canning rooms), verwendete.

Am meisten verfälscht wird in den Vereinigten Staaten das sogenannte raffinirte Schmalz, über dessen Herstellung und Beschaffenheit in den Vorschriften der Handelsbörsen nichts enthalten ist. In wie hohem Maße dies fast allgemein geschah, wurde im Jahre 1888 bei Gelegenheit der Berathung eines Gesetzentwurfes über den Verkehr mit Schweineschmalz (Lard Bill) im amerikanischen Repräsentantenhause festgestellt. Die Kommission für Landwirthschaft (Committee on Agriculture), an welche der Entwurf überwiesen wurde, vernahm eine große Anzahl von Schmalzfabrikanten, =Raffineuren und =Sachverständigen und legte die Ergebnisse der Vernehmungen in einem ausführlichen Berichte nieder (House of Representatives. 50th Congress, 1st Session. Report No. 3082. Counterfeit or compounded Lard. July 28, 1888; vergl. auch: House of Representatives. 50th Congress, 1st Session. Before the Committee on Agriculture. Brief in Support of House Bill No. 6138, to regulate the Manufacture and Sale of counterfeit or compounded Lard).

Aus den Aussagen der betheiligten Fabrikanten und Raffineure ergiebt sich, daß man zunächst an Stelle des theuren Schmalzstearins andere feste Fette zu dem rohen Dampfschmalz setzte, um diesem eine größere Steifigkeit zu verleihen; man bediente sich dabei des Ochsentalges, des Hammeltalges und vorzugsweise des bei der Herstellung des Oleomargarins als Nebenerzeugniß gewonnenen Preßtalges (Oleostearine oder Beef-stearine). Dann begann man mehr Preßtalg zu dem Schmalze zu geben, als zur Erhöhung der Festigkeit nothwendig gewesen wäre, und verdeckte diesen erhöhten Zusatz durch Beigabe von Baumwollsamenöl. Schließlich stellte man aus Preßtalg und Baumwollsamenöl, oft unter Zusatz von Wasser, eine Fettmischung von schmalzartiger Beschaffenheit her, die man mit größeren oder kleineren Mengen Schmalz versetzte, oft auch ohne jeden Schmalzzusatz beließ. Die Schmalzfabrikanten, u. A. die großen Firmen Fairbank & Co. und Armour & Co. in Chicago, gaben unumwunden zu, daß sie ihr „raffinirtes Schmalz“ in der angegebenen Weise herstellen und unter diesem Namen verkaufen; der Vertreter der Firma Armour theilte z. B. mit, daß diese Firma jährlich 75000 Fässer Baumwollsamenöl verarbeite. Die hinzugezogenen chemischen Sachverständigen, der Vorsteher der chemischen Abtheilung des Landwirthschaftsministeriums, H. W. Wiley, und der Staatschemiker von Massachusetts, Sharpleß, bestätigten diese Angaben auf Grund der chemischen Untersuchung.

Noch weitere Vorwürfe werden dem amerikanischen „raffinirten“ Schmalz gemacht. Manche Fabrikanten sollen auch das Fett von Schweinen, die auf dem Transport erstickt, erfroren oder an Krankheiten gestorben sind, auf Schmalz verarbeiten. Es wurde festgestellt, daß die Firma N. K. Fairbank das vorher erwähnte „White dead hog grease“ bezog, das eigentlich nur zu technischen Zwecken verwendet werden soll. Dasselbe wird ausgepreßt, das zurückbleibende Schmalzstearin geruchlos gemacht und gebleicht und zu dem raffinirten Schmalz gemischt. In der amtlichen Druckschrift „Amercian Pork etc.“ wird demgegenüber bestritten, daß man das „dead hog grease“ genügend geruchlos machen könne, um es dem Schmalze zusetzen zu können. Nähere Mittheilungen über die bei der Schmalzfabrikation in Amerika vorkommenden Unregelmäßigkeiten findet man in den Druckschriften: „Dr. Rudolf Meyer, Ursachen der amerikanischen Konkurrenz", Berlin 1883 bei Hermann Bahr, Kapitel XXXIII, Seite 577 bis 606, und „Dr. A. Sartorius, Freiherr von Waltershausen, Das deutsche Einfuhrverbot amerikanischen Schweinefleisches", Jena 1884 bei Gustav Fischer (man vergl. auch die Besprechung dieses Buches von Max Sering in „Jahrbuch für Gesetzgebung, Verwaltung und Volkswirthschaft im Deutschen Reich", Herausgegeben von Gustav Schmoller, 1884, Heft 4, S. 296).

Als Beweis dafür, daß das amerikanische „raffinirte" Schmalz meist mit anderen Fetten verfälscht ist, können noch folgende zwei Thatsachen angeführt werden. Da das wirkliche Raffiniren des Rohschmalzes, das im Abpressen des öligen Antheiles besteht, mit Kosten und mit einem Verluste an Speiseschmalz verknüpft ist (das Schmalzöl ist billiger als das Schmalzstearin und wird meist nur zu technischen Zwecken verwendet), so muß das ordnungsmäßig raffinirte Schmalz theurer sein als das Rohschmalz. Vor der Zeit, wo das Verfälschen des Schweineschmalzes in Amerika allgemein üblich wurde, stand das „refined lard" thatsächlich um mehrere Mark für den Zentner höher im Preise als das „prime steam lard". Seit der Mitte der achtziger Jahre sind diese Verhältnisse gerade umgekehrt worden: das „raffinirte Schmalz" ist um mehrere Mark auf den Zentner billiger als das Rohschmalz.

In welchem Umfange in Chicago das Schweineschmalz verfälscht wird, ergiebt sich aus Folgendem. In dem Berichte der zur Berathung der „Lard Bill" in dem Repräsentantenhause der Vereinigten Staaten eingesetzten Kommission werden folgende statistischen Zahlen, betreffend Schmalz, für Chicago mitgetheilt:

Im Jahre 1886 wurden an Schmalz

von auswärts nach Chicago gebracht . .	88 Millionen amerikanische Pfund,
in Chicago hergestellt	149 „ „ „
Zusammen	237 Millionen amerikanische Pfund.

Dagegen wurden aus Chicago ausgeführt 310 Millionen amerikanische Pfund.

Es wurden hiernach 73 Millionen Pfund „Schweineschmalz" mehr aus Chicago versendet als überhaupt dort vorhanden war; diese 73 Millionen Pfund „Schweineschmalz" bestehen aus Preßtalg, Ochsentalg, Hammeltalg, Baumwollsamenöl, Baumwollsamenstearin und anderen Fettarten, namentlich Pflanzenölen, wie Erdnußöl, Sesamöl, Palmkernöl und Kokosnußfett.

Auch in Deutschland ist das Schweineschmalz häufig Gegenstand der Verfälschung. Außer dem bereits in Amerika entsprechend hergerichteten „refined lard" kommen von dort auch große Mengen „steam lard" (Rohschmalz) nach Deutschland. Dieses Rohschmalz bedarf, da es wegen seiner weichen, unansehnlichen Beschaffenheit nicht unmittelbar verkäuflich ist, einer Bearbeitung oder Raffination, die in besonderen Schmalzraffinerien oder =Siedereien vorgenommen wird. Während man früher ganz allgemein das amerikanische Rohschmalz durch Abpressen des öligen Antheils oder durch geeignete maschinelle Behandlung dem in Deutschland üblicheren, festeren und weißer aussehenden Liesenschmalz ähnlich machte, hat sich auch hier in neuerer Zeit vielfach der Zusatz von Preßtalg (Stearin) eingebürgert. In einem vor einem deutschen Gerichte verhandelten Prozesse sagte ein als Sachverständiger vernommener Schmalzraffineur aus, daß das Raffiniren des Rohschmalzes durch Beimischen einer bestimmten Menge

Stearin, welche je nach der Jahreszeit zwischen 10 bis 25 vom Hundert schwanke, in Deutschland fast allgemein üblich sei.

Auch durch Zusetzen von Stearin, Ochsentalg, Hammeltalg und Baumwollsamenöl wird in Deutschland das Schweineschmalz verfälscht; Kunstspeisefette, die nur kleine Mengen Schweineschmalz enthalten, werden als „raffinirtes Schmalz", „Bratenschmalz" und unter ähnlichen Namen verkauft, welche den Schein erwecken, als seien die Fette gereinigtes, verbessertes Schweineschmalz.

2. Die Herstellung von Kunstspeisefett.

Die hauptsächlichsten Rohstoffe zur Herstellung von Kunstspeisefett sind Preßtalg oder an dessen Stelle Rinder= oder Hammeltalg und Baumwollsamenöl, ferner Kokosnußfett und Baumwollsamenstearin. Da die Kunstspeisefette Nachahmungen des Schweineschmalzes sein sollen, müssen sie eine weiße Farbe besitzen; das an sich gelbe Baumwollsamenöl wird daher für diesen Zweck besonders entfärbt. Dies geschieht mit Hülfe von Walkererde. Das Oel wird mit 2 bis 3 vom Hundert dieser Erde vermischt, die Mischung mittelst eines Rührwerkes tüchtig durchgerührt und dann durch eine Filterpresse geschickt; das auf diese Weise behandelte Baumwollsamenöl ist fast farblos.

Daß auch andere Pflanzenöle, z. B. Sesam= und Erdnußöl, zur Darstellung von Kunstspeisefett verwendet werden, ist wahrscheinlich, aber nicht bewiesen. Von dem Kokosnußfett ist bekannt, daß es zu diesem Zwecke dient; es sind bereits vielfach Kunstspeisefette untersucht worden, welche Kokosnußfett enthielten (vergl. z. B. B. Fischer, Jahresbericht des chemischen Untersuchungsamtes der Stadt Breslau für 1893/94, S. 10; A. Schmid, Chemiker=Zeitung 1895, Bd. 19, S. 1385). Viele Kunstspeisefette erhalten einen größeren oder kleineren Zusatz von Schweineschmalz. Die Mengenverhältnisse der Bestandtheile der Kunstspeisefette sind fast nicht bekannt, da die Fabrikanten sie nicht mittheilen und die chemische Untersuchung bis jetzt nicht im Stande ist, in einem Fettgemische die Mengen der einzelnen Fette festzustellen; nicht einmal die Art der in dem Gemische enthaltenen Fette läßt sich immer mit Sicherheit nachweisen. In den Vereinigten Staaten von Amerika werden namentlich zwei Kunstspeisefette vertrieben, die nur aus Stearin beziehungsweise Talg und entfärbtem Baumwollsamenöl bestehen; sie führen die Bezeichnungen Cotolene und Cotosuet.

Bezüglich des Herstellungsverfahrens der Kunstspeisefette ist Folgendes zu bemerken. Die festen Fette (Stearin, Talg u. s. w.) werden geschmolzen, die flüssigen Oele zugegeben und das Ganze bei 50 bis 70° C. mit Hülfe eines Rührwerks tüchtig gemischt. Die geschmolzene Mischung kommt dann in doppelwandige Bottiche, wo sie unter fortwährendem Rühren rasch abgekühlt und zum Erstarren gebracht wird.

3. Die sanitäre und wirthschaftliche Beurtheilung der Kunstspeisefette.

Wenn die Kunstspeisefette aus reinen tadellosen Fetten hergestellt sind, ist in sanitärer Hinsicht nichts gegen dieselben einzuwenden. Soweit als Rohstoffe Rindertalg, Preßtalg und amerikanisches Schweineschmalz in Frage kommen, ist aus den bei der Besprechung der Margarine angeführten Gründen die Möglichkeit nicht ausgeschlossen, daß durch den Genuß der Kunstspeisefette Gesundheitsschädigungen hervorgerufen werden. Das amerikanische Dampfschmalz kann zwar, da es 12 bis 16 Stunden lang unter erhöhtem Dampfdruck auf 130° C.

erhitzt wird, als frei von krankheitserregenden Bakterien, die aus dem Körper des Thieres stammen, angesehen werden; es kann indessen doch giftige Zersetzungsprodukte und Stoffwechselprodukte der Bakterien enthalten.

Bezüglich der Verdaulichkeit der Kunstspeisefette könnte ihr Gehalt an Stearin zu Bedenken Anlaß geben, da diese Fettart nur zu einem geringen Theile verdaut wird. Dies gilt indessen nur für den Fall, daß das Stearin allein für sich genossen wird. In den Kunstspeisefetten ist aber das Stearin mit den flüssigen, verhältnißmäßig stearinarmen Pflanzenölen gemischt; in diesen Mischungen ist das Stearin bedeutend leichter verdaulich. Kunstspeisefette, welche die salbenartig weiche Beschaffenheit des Schweineschmalzes haben, enthalten nicht mehr Stearin als das Schweineschmalz selbst und werden daher wahrscheinlich etwa gleich gut wie dieses vom menschlichen Organismus aufgenommen. Wenn somit die ordnungsmäßig aus einwandfreien Fetten hergestellten Kunstspeisefette als zur Ernährung des Menschen geeignete Nahrungsmittel anerkannt werden können, so muß doch andererseits die Forderung gestellt werden, daß sie unter richtiger Bezeichnung und einem ihrem wirklichen Werthe entsprechenden Preise in den Verkehr gebracht werden.

4. Die gesetzliche Regelung des Verkehrs mit Schweineschmalz und Kunstspeisefett.

Wie schon erwähnt wurde, kommen die Kunstspeisefette und verfälschten Schweineschmalzsorten meist unter Bezeichnungen in den Handel, welche ihre Zusammensetzung und ihre Natur als künstliche Gemische nicht erkennen lassen, vielmehr den Schein erwecken, als handele es sich um besonders gutes, gereinigtes Schweineschmalz. In den Vereinigten Staaten von Amerika führt das verfälschte Schmalz die Namen „refined lard“, „pure refined lard“, „pure refined family lard“, „choice refined family lard“ u. dergl., in Deutschland wird es unter dem Namen „raffinirtes Schmalz“, „amerikanisches Schweineschmalz“, „Schweineschmalz Wilcox“, „Schweineschmalz Fairbank“, „Schweineschmalz Armour“, „Bratenschmalz“, „Hamburger Stadtschmalz“ und zahlreichen anderen Bezeichnungen vertrieben.

Die Enthüllungen, welche die Berathungen der (bis jetzt nicht verabschiedeten) „Lard Bill“ in dem Repräsentantenhause der Vereinigten Staaten im Jahre 1888 brachten, verfehlten auch in Deutschland ihre Wirkung nicht. So faßte die Ständige Deputation für den Berliner Butter-, Käse- und Schmalzhandel in der Sitzung vom 23. Juni 1888 den Beschluß, für die Schmalzerzeugnisse der amerikanischen Firmen Wilcox, Armour, Fairbank und Halstead in dem offiziellen Kurszettel die Bezeichnung „raffinirtes Schmalz“ zu streichen und statt dessen „in Amerika raffinirtes Fett“ zu setzen; von diesem Beschlusse und den Beweggründen, die zu ihm geführt hatten, wurden die Fettwaaren-Großhändler in Kenntniß gesetzt. Hierdurch verschwand zwar die mißbräuchliche Bezeichnung der Kunstspeisefette im Großhandel, im Kleinhandel wurden sie dagegen auch weiterhin vielfach als Schweineschmalz vertrieben.

Die Berichte der Nahrungsmittel-Untersuchungsanstalten lehren, welchen Umfang die Schmalzverfälschung angenommen hat. In der Königlich bayerischen Untersuchungsanstalt für Nahrungs- und Genußmittel in München wurden z. B. im Jahre 1890 von 136 Schweineschmalzproben 75 verfälscht gefunden; darunter befanden sich 110 Proben amerikanischen Ursprunges, von denen nicht weniger als 72 mit Baumwollsamenöl verfälscht waren. C. Wacker (Bericht des chemischen Laboratoriums und städtischen Untersuchungsamtes zu Ulm, 13. und 14. Jahrgang. Ulm a. D. bei Th. G. Selmer) fand unter 21 in Ulm gekauften Schweineschmalzproben amerikanischen Ursprunges 19 verfälscht, C. Engler und G. Rupp (Zeitschrift für angewandte Chemie 1891, S. 389) ermittelten unter 61 im Großherzogthum Baden entnommenen Schmalzsorten 33 verfälschte. In der Schweiz, wo ebenfalls das Schweine= schmalz häufig verfälscht ist, richten die Chemiker ihr Augenmerk ganz vornehmlich auf dieses Nahrungsmittel. Der Kantonschemiker des Kantons Thurgau, A. Schmid, untersuchte z. B. im Jahre 1894 im Ganzen 270 Schweineschmalzproben, von denen 99 mit fremden Fetten versetzt waren (Chemiker=Zeitung 1895, Bd. 19, S. 1385). G. Ambühl (Chemiker=Zeitung 1888, Bd. 12, S. 1521) fand unter 77 in St. Gallen entnommenen Schweineschmalzproben 43 mit fremden Fetten verfälscht.

Die Nothwendigkeit der gesetzlichen Regelung des Verkehrs mit Schweineschmalz und Kunstspeisefett ergiebt sich daraus, daß bisher die rechtliche Beurtheilung des Handelsschmalzes eine schwankende war. Schon vorher wurde erwähnt, daß Sachverständige vor Gericht den Zusatz von Preßtalg zu dem amerikanischen Schweineschmalz als zulässig, ja sogar als nothwendig und allgemein üblich bezeichneten. In anderen Fällen wurde das Strafverfahren nicht anhängig gemacht oder eingestellt, weil die Sachverständigen die Beimischung von Baum= wollsamenöl zu dem amerikanischen Schweineschmalze für allgemein üblich und nicht gesundheits= schädlich erklärten. Auf Seite 10 des „Jahresberichtes des chemischen Untersuchungsamtes der Stadt Breslau für die Zeit vom 1. April 1893 bis 31. März 1894, erstattet von dem Direktor Dr. Bernhard Fischer", finden sich folgende Sätze: „Von Schmalz beziehungsweise Schweineschmalz wurden 38 Proben untersucht, darunter 28 Proben im Auftrage des König= lichen Polizei=Präsidiums. Von den letzteren wurde keine Probe beanstandet. Es war in ihnen zwar in der Mehrzahl der Fälle Baumwollsamenöl nachweisbar, aber die Schmalze waren ausdrücklich als „amerikanisches Schweineschmalz" bezeichnet". Wäre die Ansicht dieser Sachverständigen allgemein gültig, so könnten nur in seltenen Fällen die Schweinschmalz= fälscher strafrechtlich verfolgt werden; denn es wird meist nicht möglich sein, festzustellen, ob das Schmalz amerikanischen Ursprungs ist und bereits in Amerika verfälscht worden ist. Der Verkauf aller möglichen Kunstspeisefette unter der Bezeichnung „amerikanisches Schweine= schmalz" wäre dadurch für zulässig erklärt. Die Mehrzahl der Gerichte stellte sich indessen auf den Standpunkt, daß Zusätze fremder Fette jeder Art zu dem Schweineschmalze, auch zu dem amerikanischen, als Verfälschungen anzusehen sind.

In dem vorliegenden Gesetzentwurf werden die Kunstspeisefette denselben Vorschriften unterworfen wie die Margarine. Nur in zwei Punkten finden hiervon Ausnahmen statt: 1. Das Mischverbot gilt nicht für die Kunstspeisefette; diese können daher einen beliebig großen Gehalt an Schweineschmalz haben. 2. Die Vorschrift, daß die in geformten Stücken verkaufte Margarine stets Würfelform haben muß, ist auf die Kunstspeisefette nicht übertragen worden, weil diese Ersatzmittel für Schweineschmalz, ebenso wie letzteres selbst, nicht in geformten Stücken verkauft zu werden pflegen; im Sommer würde dies wegen der weichen Beschaffenheit der Fette auch kaum möglich sein.

Gemäß § 1, Absatz 4 des vorliegenden Gesetzentwurfes soll ein Fett, das unter dem Namen „Schweineschmalz" verkauft wird, ausschließlich aus dem Fette des Schweines bestehen. Hiernach ist das bisher vielfach übliche Raffiniren des amerikanischen Rohschmalzes durch Zusatz von Preßtalg oder Hammeltalg als unzulässig zu bezeichnen, sofern das Erzeugniß als „Schweineschmalz" in den Handel gebracht werden soll. Hier dürfte die Frage zu erörtern sein, ob es möglich ist, das amerikanische Rohschmalz ohne Beimischen harter Fette dem deutschen Liesenschmalze ähnlich zu machen. Alle Sachverständigen geben übereinstimmend an, daß das aus den früher angeführten Gründen stets weiche und unansehnliche amerikanische Schweineschmalz im ursprünglichen Zustande in Deutschland nicht verkaufsfähig sei, sondern einer Reinigung und Verdickung bedürfe. Das „Raffiniren" des amerikanischen Schweineschmalzes besteht nach der Aussage von Sachverständigen meist darin, daß das Schmalz geschmolzen und mit bereits früher raffinirtem, kaltem Schmalz durch Maschinen zusammengerührt wird; dadurch wird die ganze Mischung verdickt und hinlänglich steif. Die Einzelheiten des Verfahrens werden meistens geheim gehalten; die ganze Kunst der Schmalzraffineure soll ausschließlich auf der größeren oder geringeren Geschicklichkeit beruhen, mit der sie das „Glattrühren" des Schweineschmalzes bewerkstelligen; ein Zusatz von Stearin soll zu keiner Jahreszeit nothwendig sein.

Für den Fall, daß es dem Schmalzraffineur in Folge zu weicher Beschaffenheit des Rohschmalzes nicht gelingen sollte, ein hinreichend steifes Erzeugniß zu erzielen, steht es ihm frei, den störend wirkenden Theil der öligen Bestandtheile des reinen Rohschmalzes durch Abpressen zu entfernen; auch kann er sich durch starkes Pressen von Rohschmalz die festen Theile des Schweineschmalzes, das sogenannte Schweineschmalz-Stearin, darstellen und dieses dem ursprünglichen Rohschmalz in genügender Menge zusetzen. Denn sowohl das Schweineschmalz-Stearin, als auch das damit versetzte Rohschmalz sind als „Schweineschmalz" im Sinne des vorliegenden Gesetzentwurfs anzusehen, weil ihr Fettgehalt ausschließlich aus Schweinefett besteht. Das ordnungsmäßige Raffiniren des amerikanischen Rohschmalzes wird daher durch § 1, Absatz 4 des Entwurfes nicht gehindert oder erschwert.

Zusätze anderer Stoffe, die nicht Fette sind, zum Schweineschmalze unterliegen dem Nahrungsmittelgesetze vom 14. Mai 1879. Vielfach ist es üblich, das Schweinefett mit Zwiebeln, Aepfeln, Majoran, Pfeffer und anderen Gewürzen umzubraten, um ihm einen angenehmen, gewürzigen Geruch und Geschmack zu verleihen. Dabei gehen kleine Mengen von riechenden und schmeckenden Bestandtheilen der genannten Stoffe in das Schweineschmalz über; das so behandelte Schweineschmalz wird „Bratenschmalz" genannt. Da hier eine Vermischung des Schweineschmalzes mit anderen Fetten nicht vorliegt, darf dieses Erzeugniß auch fernerhin als Schweineschmalz oder Bratenschmalz bezeichnet werden.

Dem Schweineschmalz ähnliche Fettzubereitungen, deren Fettgehalt nicht ausschließlich aus Schweinefett besteht, sollen nach dem vorliegenden Gesetzentwurf mit dem Namen „Kunstspeisefett" belegt werden. Dies gilt auch für Schweineschmalz, das nur einen geringen Zusatz von fremden Fetten erhalten hat; die zahlreichen Phantasienamen, die man bis jetzt dem verfälschten Schweineschmalze beigelegt hat, kommen damit in Wegfall.

Schmalzähnliche Fette, welche einer bestimmten einzelnen Thier- oder Pflanzenart entstammen, brauchen nicht als Kunstspeisefett bezeichnet zu werden, sondern dürfen unter einem Namen in den Verkehr gebracht werden, durch welchen der Ursprung der Fette angezeigt wird. Hierher gehören z. B. Gänseschmalz, gebleichtes Pferdefett, Kakaobutter, Kokosnußfett und Palmkernfett; sobald sie jedoch mit einem anderen Fette gemischt sind, müssen sie als Kunstspeisefett bezeichnet werden. Hierunter fallen nicht Zusätze, die nicht aus Fetten bestehen; z. B. darf ein Gänseschmalz, das unter Zusatz gewürzhafter Stoffe ausgelassen worden ist, trotzdem als Gänseschmalz in den Verkehr gebracht werden. Auch wenn dem ursprünglichen, einer einzelnen Thier= oder Pflanzenart entstammenden Fette ein Bestandtheil künstlich entzogen wird (dem rohen Kokosnußfette werden z. B. die freien Fettsäuren entzogen), braucht das Erzeugniß nicht als Kunstspeisefett bezeichnet zu werden. Selbst das Oleomargarin und das Baumwollstearin, die nur Theile eines solchen Fettes sind, dürfen auch nach dem vorliegenden Gesetzentwurfe ihren bisherigen Namen beibehalten.

5. Die chemische Untersuchung des Schweineschmalzes und des Kunstspeisefettes.

Die chemische Untersuchung des Schweineschmalzes nach Maßgabe des vorliegenden Gesetzentwurfs hat sich auf den Nachweis und die Bestimmung eines Zusatzes von fremden Fetten zu erstrecken. Bei der Prüfung des Kunstspeisefettes könnte es sich nur um den Nachweis eines Zusatzes von Butterfett handeln, der nach § 2, Absatz 1 des Entwurfes verboten ist. Da aber das Butterfett das theuerste aller Speisefette ist, wird ein solcher Zusatz kaum vorkommen.

Die Untersuchung des Schweineschmalzes ist seitens der Nahrungsmittelchemiker noch nicht so eingehend bearbeitet worden als die der Butter. Erst gegen Ende der achtziger Jahre, als durch die Berathung der „Lard Bill" im Repräsentantenhause der Vereinigten Staaten die allgemeine Aufmerksamkeit auf die Verfälschung des Schweineschmalzes in Amerika gelenkt wurde, begann die Untersuchung dieses Nahrungsmittels eine regere zu werden. Seitdem haben sich viele Chemiker bemüht, Verfahren aufzufinden, welche den Nachweis von Verfälschungen des Schweineschmalzes zu führen gestatten. Dieses Bestreben ist wenigstens zum Theil von Erfolg gewesen; doch ist zur Zeit die Untersuchung des Schweineschmalzes noch eine schwierige Aufgabe, die bis jetzt nicht immer befriedigend gelöst werden kann.

Im Gegensatze zu dem Butterfette zeichnet sich das Schweineschmalz vor den übrigen pflanzlichen und thierischen Fetten nicht durch besondere Eigenschaften aus, die nur ihm allein zukämen. Vielmehr liegen die durch Zahlen ausdrückbaren Eigenschaften des Schweinefettes meist zwischen denen der zu seiner Verfälschung benutzten Fette. Durch den Zusatz mehrerer Fette, wie dies meist üblich ist, können die chemischen Eigenschaften des verfälschten Schweine= schmalzes beliebig verändert und denen des reinen Schweineschmalzes in vielen Beziehungen völlig gleich gemacht werden. Die Bestimmung der Menge der dem Schweineschmalze bei= gemischten Fette und Oele ist nur in den seltensten Fällen auch nur annähernd möglich. Für die Handhabung des Gesetzes ist dieser an sich bedauerliche Umstand indessen ohne große Be= deutung, da schon der Nachweis eines fremden Fettes genügt, um ein Schweineschmalz als verfälscht zu beanstanden.

Im Einzelnen kommen nachstehende Untersuchungsverfahren in Betracht:

a) Nachweis des Baumwollsamenöles.

α. Die Silbernitratprobe. Das Baumwollsamenöl bildet gegenwärtig das ver= breitetste Fälschungsmittel für das Schweineschmalz. Zum Nachweise des Baumwollsamenöles bedient man sich vielfach des Verhaltens dieses Oeles zu Silbernitrat beim Erhitzen; es tritt dabei sowohl mit dem rohen, als auch mit dem gereinigten (raffinirten) Baumwollsamenöle die Abscheidung eines schwarzen Niederschlages auf. Dieses zuerst von C. Becchi (Pharmazeutische Zeitung 1884, Bd. 29, S. 112) angegebene Verfahren wird meist in der folgenden, von Otto Hehner (Analyst 1888, Bd. 13, S. 165) herrührenden Weise ausgeführt: Man verſetzt 10 ccm des zu prüfenden, von Waſſer befreiten, geſchmolzenen Schweineſchmalzes mit 5 ccm einer Löſung, die durch Auflöſen von 1 g Silbernitrat in 200 g Alkohol und 40 g Aether und ganz ſchwaches Anſäuern mit Salpeterſäure erhalten worden iſt. Die Miſchung wird umgeſchüttelt und ¼ Stunde im Waſſerbade erhitzt. Reines Schweinefett bleibt unver= ändert; bei Gegenwart von Baumwollſamenöl entſteht ein ſchwarzer Niederſchlag.

Die Silbernitratprobe auf Baumwollſamenöl liefert indeſſen keine ſicheren Ergebniſſe; nach Beobachtungen von J. A. Wilſon (Analyst 1889, Bd. 14, S. 99) giebt nämlich altes Baumwollſamenöl dieſe Reaktion nicht mehr. Ferner fand E. Dieterich (Helfenberger Annalen 1890, S. 79), daß Baumwollſamenöl, welches einige Minuten ſo ſtark erhitzt wurde, daß es rauchte, durch die Silbernitratprobe nicht mehr angezeigt wird; dieſe Beobachtung wurde u. A. von Mecke und Wimmer (Zeitſchrift für angewandte Chemie 1894, S. 518) beſtätigt und auch im Kaiſerlichen Geſundheitsamt als richtig befunden. Hiernach zeigt zwar das Eintreten eines ſchwarzen Niederſchlages bei der Silbernitratprobe die Gegenwart eines Pflanzenöles an, dagegen iſt der negative Ausfall der Probe kein Beweis dafür, daß das Schweineſchmalz frei von Baumwollſamenöl iſt. Es unterliegt keinem Zweifel, daß die Schweineſchmalzfälſcher ſich dieſen Umſtand zu Nutzen machen werden oder vielleicht ſchon gemacht haben. Die Silbernitratprobe iſt übrigens nicht für das Baumwollſamenöl allein kennzeichnend, ſondern zeigt faſt alle Pflanzenöle an; die dabei auftretenden Erſcheinungen ſind aber bei den einzelnen Pflanzenölen mehr oder weniger verſchieden. An Stelle von Silbernitrat wurde zu dem gleichen Zweck auch Goldchlorid empfohlen, dasſelbe hat aber vor dem Silbernitrat keine Vorzüge.

β. Die Bleieſſigprobe. Nach Labiche (Répertoire de pharmacie 1889, S. 352) miſcht man 25 ccm des geſchmolzenen Schweineſchmalzes mit 25 ccm einer auf etwa 35° C. erwärmten Löſung von 500 g Bleizucker in 1000 g Waſſer und 5 ccm Ammoniak von der Dichte 0,924 und rührt mehrere Minuten bis zur Bildung einer einheitlichen Emulſion. Bei Gegen= wart von Baumwollſamenöl färbt ſich die Miſchung orangeroth. Nach E. Dieterich (Helfen= berger Annalen 1890, S. 79) giebt Baumwollſamenöl, das kurze Zeit ſoweit erhitzt wurde, daß es rauchte, die Reaktion nicht; dagegen tritt ſie nach Angabe von W. Biſhop und L. Jngé (Journal de pharmacie et de chimie 1888, 5. Reihe, Band 18, S. 348) mit altem Baumwollſamenöl ſtark ein.

γ. Die Salpeterſäureprobe. Das geſchmolzene Schweineſchmalz wird mit konzen= trirter Salpeterſäure von der Dichte 1,38 bis 1,40 geſchüttelt und die Miſchung einige Minuten ſtehen gelaſſen; bei Gegenwart von Baumwollſamenöl färbt ſich die Miſchung braunroth bis kaffeebraun.

δ. Die Phosphormolybdänſäureprobe nach P. Welmans (Pharmazeutiſche Zeitung 1891, Band 36, S. 798 und 1892, Band 37, S. 22). 1 g Schweineſchmalz wird in einem Probirröhrchen in 5 ccm Chloroform gelöſt und die Löſung mit 2 ccm einer Löſung von Phosphormolybdänſäure oder von phosphormolybdänſaurem Natron verſetzt und kräftig umgeſchüttelt. Reines Schweineſchmalz bleibt dabei unverändert. Bei Gegenwart von Baum= wollſamenöl (oder anderen Pflanzenölen) nimmt die Miſchung eine ſmaragdgrüne Färbung an und ſcheidet ſich nach einigen Minuten in eine untere waſſerhelle und eine obere grüne Schicht, welche durch Ueberſättigen mit Ammoniak oder einem anderen Alkali tiefblau wird. Dieſes Verfahren wurde wiederholt geprüft und beſtätigt gefunden. Nothwendige Vorbedingung iſt, daß sämmtliche dabei Verwendung findenden Reagentien durchaus rein sind. Die Phosphormolybdänsäure ist ein äußerst empfindliches Reagens auf zahlreiche Körper der Klasse der Alkaloid- und Glykosidreihe. Es liegt daher die Gefahr nahe, daß sie auch bei Schweineschmalz, das keinen Zusatz von Pflanzenölen erhalten hat, eintreten kann; thatsächlich giebt G. F. Tenville (Journal of the American Chemical Society 1895, Band 17, S. 33) an, daß auch reines Schweineschmalz bisweilen mit Phosphormolybdänsäure eine schwache Grünfärbung zeige. Das Verfahren scheint hiernach nicht ganz sicher zu sein. Nach Versuchen von Mecke und Wimmer (Zeitschrift für angewandte Chemie 1891, S. 518) giebt auch stark erhitztes Baumwollsamenöl die Reaktion.

ε. **Die Schwefelsäureprobe nach F. Gantter** (Zeitschrift für analytische Chemie 1893, Band 32, S. 303). Man löst 1 ccm völlig wasserfreies, geschmolzenes Schweineschmalz in 10 ccm Petroleumäther, läßt 1 Tropfen konzentrirte Schwefelsäure in die Lösung fallen und schüttelt sofort stark um. Reines Schweineschmalz färbt sich strohgelb bis schwach röthlich-gelb; Baumwollsamenöl (oder andere Pflanzenöle) enthaltendes Schweineschmalz wird mehr oder weniger dunkelbraun gefärbt.

ζ. **Bestimmung des Erhitzungsgrades mit konzentrirter Schwefelsäure nach Maumené.** Werden Oele oder flüssige Fette unter bestimmten Vorsichtsmaßregeln mit konzentrirter Schwefelsäure vermischt, so erhitzt sich die Mischung bei den verschiedenen Fettstoffen in verschiedenem Maße, und zwar die sogenannten trocknenden Oele stärker als die nicht trocknenden. Beim Vermischen von 50 g Schweineschmalz mit 10 ccm konzentrirter Schwefelsäure beobachtete O. Hehner (Analyst 1888, Band 13, S. 165) eine Temperaturerhöhung von 24,0 bis 27,5° C., beim Mischen von 50 g Baumwollsamenöl mit 10 ccm konzentrirter Schwefelsäure eine solche von 70° C. Mischungen von Schweinefett und Baumwollsamenöl gaben dazwischenliegende Werthe, die den Mengenverhältnissen der beiden Fette in der Mischung entsprachen.

η. **Die Chromsäureprobe.** Nach Fr. P. Perkins (Analyst 1890, Band 15, S. 51) soll Baumwollsamenöl die Eigenschaft haben, die rothe Chromsäure in Gegenwart von Schwefelsäure zu grünem Chromoxyd zu reduziren. E. Dieterich (Helfenberger Annalen 1890, S. 79) fand indessen, daß auch reines Schweineschmalz dieselbe Erscheinung zeigt.

b) Nachweis des Sesamöles.

Das Sesamöl giebt ebenfalls die meisten Farbenreaktionen, welche im vorhergehenden Abschnitte für das Baumwollsamenöl angegeben wurden. Von letzterem unterscheidet sich das Sesamöl durch sein Verhalten gegen Zucker und Salzsäure (vergl. Baudouin, Zeitschrift für das chemische Großgewerbe 1878, S. 771; C. Schädler, Repertorium der analytischen Chemie 1886, Bd. 6, S. 579; B. Villavecchia und G. Fabris, Zeitschrift für angewandte Chemie 1892, S. 509, G. Ambühl, Schweizerische Wochenschrift für Chemie und Pharmazie 1892, Bd. 30, S. 381). Man löst 0,1 bis 0,2 g Zucker in 20 ccm Salzsäure von der Dichte 1,18, setzt 10 ccm geschmolzenes Schweineschmalz hinzu und schüttelt die Mischung kräftig durch. Sesamöl giebt sich durch eine Rothfärbung der sich abscheidenden Zuckersalzsäurelösung zu erkennen. B. Villavecchia und G. Fabris (Zeitschrift für angewandte Chemie 1893, S. 505) stellten fest, daß diese Farbenerscheinung durch das aus Zucker und Salzsäure entstehende Furfurol hervorgerufen wird; sie empfehlen daher die Anwendung einer verdünnten alkoholischen Lösung von Furfurol an Stelle von Zucker.

Als weitere Reaktionen auf Sesamöl wurden empfohlen: von W. Bishop (Journal de pharmacie et de chimie 1885, 5. Reihe, Bd. 20, S. 244) Grünfärbung auf Zusatz eines Gemisches von Schwefelsäure und Salpetersäure und nach der Behandlung mit Salzsäure (letztere Erscheinung tritt nur bei solchem Oel auf, das einige Tage dem Lichte ausgesetzt war); von J. F. Tocher (Pharmaceutical Journal and Transactions 1891, Bd. 21, S. 639) die Rothfärbung beim Behandeln des Fettes mit einer Lösung von Pyrogallol in Salzsäure; von P. Soltsien (Pharmazeutische Zeitung 1893, Bd. 38, S. 654) die Rothfärbung mit Bettendorfs Reagens (einer mit Chlorwasserstoffsäure gesättigten konzentrirten Zinnchlorürlösung). Wie weit diese Verfahren sich bewähren, bedarf noch der näheren Prüfung.

c) Nachweis des Erdnußöles.

Das Erdnußöl (Arachisöl) zeichnet sich vor den anderen Fetten und Oelen durch einen verhältnißmäßig hohen Gehalt an Arachinsäure ($C_{20}H_{40}O_2$) aus. Die Versuche zum Nachweise des Erdnußöles laufen alle darauf hinaus, diese Säure aus dem bei der Verseifung des Oeles abgeschiedenen Fettsäuregemische darzustellen und zu identifiziren. Dies geschieht entweder durch fraktionirte Krystallisation der Fettsäuren aus heißem Alkohol (die Arachinsäure krystallisirt zuerst aus) und Prüfung der Krystalle unter dem Mikroskope, oder durch vorhergehende Entfernung der Oelsäure auf chemischem Wege und hierauf folgende fraktionirte Krystallisation aus Alkohol. Kennzeichnend für Arachinsäure ist neben der Krystallform der bei 75° C. liegende Schmelzpunkt. (Man vergl. namentlich: A. Rénard, Zeitschrift für analytische Chemie 1873, Band 12, S. 231; J. Herz, Repertorium für analytische Chemie 1886, Band 6, S. 604; H. Kreis, Chemiker-Zeitung 1895, Band 19, S. 451.)

d) Nachweis des Kokosnußfetttes und Palmkernöles.

Das Kokosnußfett läßt sich, wenn es in einigermaßen großen Mengen dem Schweineschmalz beigemischt ist, ziemlich leicht nachweisen. Durch den Zusatz von Kokosnußfett wird die Verseifungszahl und die Reichert-Meißl'sche Zahl sowie die Dichte des Schweineschmalzes erhöht, die Jodzahl und die refraktometrische Zahl erniedrigt. Außerdem wird die Löslichkeit des Schweineschmalzes in Alkohol durch einen Kokosnußfettzusatz erhöht und die Trübungstemperatur der Lösung des Fettes in Essigsäure und Alkohol herabgedrückt. Durch Ausführung mehrerer dieser Proben neben einander wird es meist gelingen, Kokosnußfett im Schweineschmalz mit Sicherheit nachzuweisen. Palmkernöl verhält sich ähnlich, doch sind die durch seinen Zusatz verursachten Aenderungen der Eigenschaften des Schweineschmalzes nicht so stark. Besonders kennzeichnend für die Gegenwart von Kokosnußfett im Schweineschmalz ist die hohe Verseifungszahl und die hohe Reichert-Meißl'sche Zahl. Eine Verseifungszahl über 200 und eine Reichert-Meißl'sche Zahl über 1,0 zeigen mit Sicherheit die Verfälschung des Schweineschmalzes mit Kokosnußfett oder Palmkernöl an. Neben diesen Fetten könnte nur noch Butterfett in Frage kommen; dieses wird aber dem Schweineschmalze schon wegen seines hohen Preises nicht zugemischt werden.

e) Nachweis von Rindertalg und Preßtalg.

Löst man ein mit Rindertalg oder Preßtalg verfälschtes Schweinefett in Aether auf, so krystallisirt zuerst das Rinderstearin aus; auch beim Abkühlen des geschmolzenen Fettes auf 31 bis 32° C. und Einhalten dieser Temperatur während 36 Stunden scheidet sich das Rinderstearin in blumenkohlartigen Krystallen aus, während reines Schweineschmalz gleichmäßig am Boden des Gefäßes zu erstarren beginnt. Die aus ätherischer Lösung sich abscheidenden Krystalle werden mikroskopisch geprüft. Rinderstearin bildet gekrümmte Büschel, die dem kurzen Schweif eines Pferdes ähnlich sind; die aus reinem Schweineschmalz abgeschiedenen Krystalle bilden rhomboïdische Blättchen. Nach C. A. Neufeld (Archiv für Hygiene 1893, Bd. 17, S. 452) ist der mikroskopische Nachweis des Rindertalges sehr unsicher.

Wenn das Schweineschmalz nur mit Rindertalg oder Preßtalg verfälscht ist, so kann die Bestimmung der Jodzahl gute Dienste leisten; sie wird durch diesen Zusatz herabgedrückt. Besonders vortheilhaft wird man sich in diesem Falle der Bestimmung der Löslichkeit in Alkohol und der Trübungstemperatur der Lösung des Fettes in Alkohol oder Essigsäure bedienen; die Löslichkeit in Alkohol wird durch den Talgzusatz vermindert, und die Trübungstemperatur liegt höher als bei dem reinen Schweinefett.

f) Bestimmung der Jodzahl.

Der Bestimmung der Jodzahl des Schweineschmalzes, die in derselben Weise wie bei der Butter und Margarine auszuführen ist, wird seitens vieler Chemiker ein hoher Werth beigemessen. Ohne Zweifel giebt die Jodzahl werthvolle Anhaltspunkte für die Beurtheilung des Schweineschmalzes; in vielen Fällen führt dieses Verfahren indessen doch nicht zu einem befriedigenden Ergebnisse. Es hat sich herausgestellt, daß dem aus verschiedenen Körpertheilen des Schweines gewonnenen Schmalz eine verschiedene Jodzahl zukommt; man fand z. B. für das Schmalz desselben Schweines aus dem Eingeweidefett die Jodzahl 57,34, aus dem Liesenfett 52,55, aus dem Fette an den Füßen 77,28 und aus dem Fette am Kopfe 85,03. Je nach den Fetttheilen des Schweines, aus welchen das Schmalz hergestellt wurde, hat dieses daher eine verschiedene Jodzahl. Diese muß aber noch von zahlreichen anderen Umständen abhängig sein, wahrscheinlich ganz besonders von der Art der Fütterung der Schweine; denn die Jodzahlen für das aus demselben Körpertheile des Schweines hergestellte Schmalz unterliegen ganz erheblichen Schwankungen. Nach den bis jetzt vorliegenden, schon ziemlich zahlreichen Untersuchungen muß die Jodzahl des reinen Schweineschmalzes zu 46 bis 66 angenommen werden; Ueberschreitungen dieser Grenzen nach oben und unten kommen, wenn auch selten, vor. Für die Jodzahlen der Schmalzsorten einer und derselben Gegend sind die Grenzen vielfach erheblich enger gefunden worden; da aber zur Zeit auch die kleinen Schweineschmalzfabrikanten (Schlächter u. s. w.) häufig fremdes (meist amerikanisches) Schmalz aufkaufen und mit ihrem eigenen Erzeugnisse vermischen, so können diese engen Grenzzahlen für die Beurtheilung des Schweineschmalzes nicht immer maßgebend sein. In vielen Fällen wird es nicht mehr möglich sein, den Ursprung des beigemischten Schweineschmalzes festzustellen.

Die großen Schwankungen der Jodzahl des Schweineschmalzes erschweren den Nachweis fremder, künstlich zugesetzter Fette ganz erheblich. So beträgt z. B. die Jodzahl des Baumwollsamenöles 100 bis 117, des Sesamöles 100 bis 112, des Erdnußöles 87 bis 103; sie ist also bedeutend größer als die des Schweineschmalzes. Trotzdem kann man zu einem

Schweineschmalze mit der Jodzahl 46 beträchtliche Mengen dieser Oele zusetzen, bis die bei reinem Schweineschmalze beobachtete Jodzahl 66 erreicht wird. Andererseits ist die Jodzahl des Rindertalges gleich 36 bis 44, des Hammeltalges gleich 33 bis 46. Man kann hiernach einem Schweineschmalze mit der Jodzahl 66 große Mengen Rinder- oder Hammeltalg zusetzen, ohne daß die Jodzahl des Gemisches unter die bei reinem Schweineschmalz beobachtete untere Grenze sinkt.

Noch weniger ist die Bestimmung der Jodzahl zum Nachweise von Verfälschungen des Schweineschmalzes geeignet, wenn diesem gleichzeitig zwei Fettarten zugesetzt worden sind, von denen eine eine höhere und die andere eine niedrigere Jodzahl hat als das Schweineschmalz. Die vorher erwähnten Pflanzenöle haben hohe, Rinder- und Hammeltalg niedrige Jodzahlen. Es giebt aber andere feste Fette, die zur Verfälschung des Schweineschmalzes geeignet sind und thatsächlich dazu Verwendung finden, mit noch bedeutend kleinerer Jodzahl: das Rinderstearin (den Preßtalg), dessen Jodzahl bis zu 17 herabsinken kann, das Kokosnußfett mit einer Jodzahl von etwa 9 und das Palmkernöl mit der Jodzahl 10 bis 18 (im raffinirten Zustande 4 bis 5). Es ist klar, daß aus diesen Fetten und Oelen bei geeigneter Auswahl Gemische hergestellt werden können, welche die äußere Beschaffenheit und die Jodzahl des reinen Schweineschmalzes haben.

Bei der Herstellung dieser Gemische finden Pflanzenöle Verwendung, die man in der Mehrzahl der Fälle nach den vorher besprochenen Verfahren nachweisen kann. Schwieriger wird die Untersuchung einer solchen Fettmischung, wenn ihm an Stelle der Pflanzenöle Schmalzöl zugesetzt worden ist. Das aus dem Dampfschmalz durch Auspressen gewonnene Schmalzöl, das in großen Mengen in den Handel gebracht wird, hat nach R. Haines (Chemical News 1892, Bd. 65, S. 39) die Jodzahl 70 bis 75. Durch Mischen von Schmalzöl und Preßtalg läßt sich eine Fettzubereitung herstellen, die dem Schweineschmalz täuschend ähnlich ist und dieselbe Jodzahl hat wie dieses. Die Erkennung eines solchen Fettgemisches wird, namentlich wenn sie einen Zusatz von Schweineschmalz erfahren hat, äußerst schwierig sein.

g) Untersuchung mit Hülfe des Refraktometers.

Die refraktometrische Prüfung des Schweineschmalzes ist neuerdings von E. Späth (Forschungsberichte über Lebensmittel und ihre Beziehungen zur Hygiene u. s. w. 1894, Bd. 1, S. 344) und R. Hefelmann (Pharmazeutische Centralhalle 1894, Bd. 35, S. 497) empfohlen worden. Da die refraktometrische Zahl der Pflanzenöle größer und die des Rindertalges und Preßtalges kleiner ist als die refraktometrische Zahl des Schweineschmalzes, so lassen sich Fettgemische herstellen, welche den Lichtstrahl genau so stark ablenken wie das reine Schweineschmalz. Die Prüfung des Schweineschmalzes mit dem Refraktometer hat daher nur den Werth einer schätzbaren Vorprobe.

h) Bestimmung der Jodzahl der flüssigen Fettsäuren des Schweineschmalzes.

Rindertalg, Schweineschmalz und die Pflanzenöle unterscheiden sich nicht nur durch ihren Gehalt an flüssigen, unlöslichen Fettsäuren (Oelsäure u. s. w.), sondern auch dadurch, daß die Jodzahl der aus den Fetten abgeschiedenen flüssigen Fettsäuren verschieden ist. Auf dieses Verhalten gründeten J. Muter und L. de Koningh (Analyst 1889, Bd. 14, S. 61) ein

Verfahren zur Prüfung des Schweineschmalzes. Zur Abscheidung der flüssigen Fettsäuren aus den Fetten sind mehrere Verfahren angegeben worden; sie beruhen alle auf der Thatsache, daß die Bleisalze dieser Säuren in Aether löslich sind. Man verseift die Fette mit Alkali, neutralisirt die Mischung mit Essigsäure und fällt die Seifenlösung mit einer Bleiacetatlösung. Die Bleiseife wird durch Filtriren von der Flüssigkeit getrennt, getrocknet und mit Aether ausgezogen. Der ätherische Auszug, der die Bleisalze der flüssigen Fettsäuren enthält, wird mit Salzsäure geschüttelt, wodurch die flüssigen Fettsäuren freigemacht werden und in dem Aether gelöst bleiben. Man verdunstet den Aether und bestimmt die Jodzahl der zurückbleibenden flüssigen Fettsäuren.

J. Muter und L. de Koningh und übereinstimmend mit diesen A. von Asbóth (Chemiker-Zeitung 1890, Bd. 14, S. 93) fanden die Jodzahl der flüssigen Säuren des Rindertalges zu 90, des Schweineschmalzes zu 94 und des Baumwollsamenöles zu etwa 136. J. Wallenstein und H. Fink (Chemiker-Zeitung 1894, Bd. 18, S. 1189) kamen zu ähnlichen Ergebnissen. Die wenigen Versuche genügen aber noch nicht, um den Werth dieses Verfahrens beurtheilen zu können; zahlreiche eingehende Untersuchungen müssen erst beweisen, ob die Jodzahlen der flüssigen Fettsäuren wirklich so gleichbleibend sind, wie es nach den vorliegenden Ergebnissen zu sein scheint. Das Verfahren ist ziemlich umständlich und zeitraubend und mit schwerwiegenden Fehlerquellen behaftet; insbesondere muß Sorgfalt darauf verwendet werden, die Oxydation der flüssigen Fettsäuren und ihrer Bleisalze, die an der Luft sehr leicht vor sich geht, zu verhindern. Man darf indessen hoffen, daß dieses Untersuchungsverfahren neue werthvolle Anhaltspunkte für die Beurtheilung des Schweineschmalzes geben wird.

i) Nachweis von Phytosterin in Schweineschmalz, das mit Pflanzenölen verfälscht ist.

Alle Pflanzenöle mit Ausnahme des Olivenöles enthalten Phytosterin, einen einwerthigen Alkohol der aromatischen Reihe, dessen chemische Formel wahrscheinlich $C_{26}H_{44}O$ ist; von thierischen Fetten enthält nur das Butterfett diesen Körper. Wenn es daher gelingt, im Schweineschmalz Phytosterin nachzuweisen, so ist damit die Gegenwart von Pflanzenölen (oder Butterfett) dargethan.

Zum Nachweis von Phytosterin verseift man nach E. Salkowski (Zeitschrift für analytische Chemie 1887, Bd. 26, S. 565) 50 g Schweineschmalz mit alkoholischer Kalilösung, schüttelt die Seifenlösung mit Aether aus, verdampft den Aether, verseift den Rückstand nochmals mit alkoholischer Kalilösung, schüttelt die Seife mit Aether aus, wäscht die ätherische Lösung mit Wasser und verdunstet sie in einer Glasschale. Der Verdunstungsrückstand wird in heißem Alkohol gelöst und die Lösung auf 1 bis 2 ccm eingeengt. Bei Gegenwart von Phytosterin scheiden sich beim Erkalten büschelförmig gruppirte, oft breite Krystallnadeln vom Schmelzpunkte 132 bis 134 ° C. ab. Einer eingehenderen Prüfung scheint dieses Verfahren noch nicht unterworfen worden zu sein.

Schlußbetrachtung.

Aus den vorstehenden Darlegungen ergiebt sich, daß die Untersuchung des Schweineschmalzes auf Verfälschungen mit anderen Fetten thierischen und pflanzlichen Ursprungs mitunter eine schwierige Aufgabe ist. In vielen Fällen wird es möglich sein, die Verfälschungen nach einem der hier aufgeführten Verfahren nachzuweisen; in anderen Fällen, insbesondere wenn ein Zusatz mehrerer fremder Fette vorliegt, wird man sich, ähnlich wie bei der Butter, mehrerer Verfahren bedienen müssen, um einen Einblick in die Zusammensetzung des Schweineschmalzes zu gewinnen. Die größte Schwierigkeit liegt darin, daß bei der Verfälschung des Schweineschmalzes auf so viele Fettarten Rücksicht genommen werden muß; man hat thatsächlich damit zu rechnen, daß jedes im Handel erhältliche, entsprechend billige Fett dem Schweineschmalze zugesetzt sein kann. Die chemische Untersuchung des Schweineschmalzes steht übrigens erst auf den Anfangsstufen der Entwickelung und hat doch schon jetzt gute Erfolge zu verzeichnen. Man darf daher mit einiger Sicherheit der Hoffnung Raum geben, daß die Verfahren der Schweineschmalzuntersuchung noch wesentlich werden vervollkommnet werden. Der Erlaß des vorliegenden Gesetzes wird nicht verfehlen, die Aufmerksamkeit der Nahrungsmittelchemiker auch auf dieses Kapitel ihres Forschungsgebietes zu lenken, und dadurch die weitere Entwickelung der Schweineschmalzuntersuchung fördern.

Anhang.

Entwurf eines Gesetzes, betreffend den Verkehr mit Butter, Käse, Schmalz und deren Ersatzmitteln.

Wir Wilhelm, von Gottes Gnaden Deutscher Kaiser, König von Preußen ꝛc. verordnen im Namen des Reichs, nach erfolgter Zustimmung des Bundesraths und des Reichstags, was folgt:

§ 1.

Die Geschäfträume und sonstigen Verkaufsstellen, einschließlich der Marktstände, in denen Margarine, Margarinekäse oder Kunstspeisefett gewerbsmäßig verkauft oder feilgehalten wird, müssen an in die Augen fallender Stelle die deutliche, nicht verwischbare Inschrift „Verkauf von Margarine", „Verkauf von Margarinekäse", „Verkauf von Kunstspeisefett" tragen.

Margarine im Sinne dieses Gesetzes sind diejenigen, der Milchbutter oder dem Butterschmalz ähnlichen Zubereitungen, deren Fettgehalt nicht ausschließlich der Milch entstammt.

Margarinekäse im Sinne dieses Gesetzes sind diejenigen käseartigen Zubereitungen, deren Fettgehalt nicht ausschließlich der Milch entstammt.

Kunstspeisefett im Sinne dieses Gesetzes sind diejenigen, dem Schweineschmalz ähnlichen Zubereitungen, deren Fettgehalt nicht ausschließlich aus Schweinefett besteht. Ausgenommen sind unverfälschte Fette bestimmter Thier= oder Pflanzenarten, welche unter den ihrem Ursprung entsprechenden Bezeichnungen in den Verkehr gebracht werden.

§ 2.

Die Vermischung von Butter oder Butterschmalz mit Margarine oder anderen Speisefetten zum Zweck des Handels mit diesen Mischungen, sowie das gewerbsmäßige Verkaufen und Feilhalten solcher Gemische ist verboten.

Unter diese Bestimmung fällt auch die Verwendung von Milch oder Rahm bei der ge=

werbsmäßigen Herstellung von Margarine, sofern mehr als 100 Gewichtstheile Milch oder eine dementsprechende Menge Rahm auf 100 Gewichtstheile der nicht der Milch entstammenden Fette in Anwendung kommen.

§ 3.

Wer Margarine, Margarinekäse oder Kunstspeisefett gewerbsmäßig herstellen oder vertreiben will, hat davon der nach den landesrechtlichen Bestimmungen zuständigen Behörde Anzeige zu erstatten, hierbei auch die für die Herstellung, Aufbewahrung, Verpackung und Feilhaltung der Waaren dauernd bestimmten Räume zu bezeichnen und die etwa bestellten Betriebsleiter und Aufsichtspersonen namhaft zu machen.

Für bereits bestehende Betriebe ist eine entsprechende Anzeige binnen zwei Monaten nach Inkrafttreten dieses Gesetzes zu erstatten.

Veränderungen bezüglich der der Anzeigepflicht unterliegenden Räume und Personen sind nach Maßgabe der Bestimmung des Absatzes 1 der zuständigen Behörde binnen drei Tagen anzuzeigen.

§ 4.

Die Beamten der Polizei und die von der Polizeibehörde beauftragten Sachverständigen sind befugt, in die Räume, in denen Margarine, Margarinekäse oder Kunstspeisefett gewerbsmäßig hergestellt, aufbewahrt, feilgehalten oder verpackt wird, jederzeit einzutreten und daselbst Revisionen vorzunehmen, auch nach ihrer Auswahl Proben zum Zweck der Untersuchung gegen Empfangsbescheinigung zu entnehmen. Auf Verlangen ist ein Theil der Probe amtlich verschlossen oder versiegelt zurückzulassen und für die entnommene Probe eine angemessene Entschädigung zu leisten.

§ 5.

Die Unternehmer von Betrieben, in denen Margarine, Margarinekäse oder Kunstspeisefett gewerbsmäßig hergestellt wird, sowie die von ihnen bestellten Betriebsleiter und Aufsichtspersonen sind verpflichtet, der Polizeibehörde auf Erfordern Auskunft über das Verfahren bei Herstellung der Erzeugnisse, über den Umfang des Betriebes und über die zur Verarbeitung gelangenden Rohstoffe, insbesondere auch über deren Menge und Herkunft zu ertheilen.

§ 6.

In Räumen, woselbst Butter oder Butterschmalz gewerbsmäßig hergestellt, aufbewahrt oder verpackt wird, ist die Herstellung, Aufbewahrung oder Verpackung von Margarine oder Kunstspeisefett verboten. Ebenso ist in Räumen, woselbst Käse gewerbsmäßig hergestellt, aufbewahrt oder verpackt wird, die Herstellung, Aufbewahrung oder Verpackung von Margarinekäse untersagt.

Unter diese Bestimmung fällt nicht das Aufbewahren der für den Kleinhandel erforderlichen Bedarfsmengen in öffentlichen Verkaufsstätten, sowie das Verpacken der daselbst im Kleinhandel zum Verkauf gelangenden Waaren. Jedoch müssen Margarine, Margarinekäse und Kunstspeisefette innerhalb der Verkaufsräume in besonderen Vorrathsgefäßen und an besonderen Lagerstellen, welche von den zur Aufbewahrung von Butter, Butterschmalz und Käse dienenden Lagerstellen getrennt sind, aufbewahrt werden.

§ 7.

Die Gefäße und äußeren Umhüllungen, in welchen Margarine, Margarinekäse oder Kunstspeisefett gewerbsmäßig verkauft oder feilgehalten wird, müssen an in die Augen fallenden Stellen die deutliche, nicht verwischbare Inschrift „Margarine", „Margarinekäse", „Kunstspeisefett" tragen.

Wird Margarine, Margarinekäse oder Kunstspeisefett in ganzen Gebinden oder Kisten gewerbsmäßig verkauft oder feilgehalten, so hat die Inschrift außerdem den Namen oder die Firma des Fabrikanten zu enthalten.

Im gewerbsmäßigen Einzelverkauf müssen Margarine, Margarinekäse und Kunstspeisefett an den Käufer in einer Umhüllung abgegeben werden, auf welcher die Inschrift „Margarine", „Margarinekäse", „Kunstspeisefett" mit dem Namen oder der Firma des Verkäufers angebracht ist.

Wird Margarine oder Margarinekäse in regelmäßig geformten Stücken gewerbsmäßig verkauft oder feilgehalten, so müssen dieselben von Würfelform sein, auch muß denselben die Inschrift „Margarine", „Margarinekäse" eingepreßt sein, sofern sie nicht mit einer diese Inschrift enthaltenden Umhüllung versehen sind oder sonstwie in sichtbarer Weise die Inschrift an sich tragen.

§ 8.

In öffentlichen Angeboten, sowie in Schlußscheinen, Rechnungen, Frachtbriefen, Konnossementen, Lagerscheinen, Ladescheinen und sonstigen im Handelsverkehr üblichen Schriftstücken, welche sich auf die Lieferung von Margarine, Margarinekäse oder Kunstspeisefett beziehen, müssen die diesem Gesetze entsprechenden Waarenbezeichnungen angewendet werden.

§ 9.

Der Bundesrath ist ermächtigt, das gewerbsmäßige Verkaufen und Feilhalten von Butter, deren Fettgehalt nicht eine bestimmte Grenze erreicht oder deren Wasser- oder Salzgehalt eine bestimmte Grenze überschreitet, zu verbieten.

§ 10.

Der Bundesrath ist ermächtigt,

1. nähere, im Reichs-Gesetzblatt zu veröffentlichende Bestimmungen zur Ausführung der Vorschriften des § 7 zu erlassen,
2. Grundsätze aufzustellen, nach welchen die zur Durchführung dieses Gesetzes, sowie des Gesetzes vom 14. Mai 1879, betreffend den Verkehr mit Nahrungsmitteln, Genußmitteln und Gebrauchsgegenständen (Reichs-Gesetzbl. S. 145), erforderlichen Untersuchungen von Fetten und Käsen vorzunehmen sind.

§ 11.

Die Vorschriften dieses Gesetzes finden auf solche Erzeugnisse der im § 1 bezeichneten Art, welche zum Genusse für Menschen nicht bestimmt sind, keine Anwendung.

§ 12.

Mit Gefängniß bis zu sechs Monaten und mit Geldstrafe bis zu eintausendfünfhundert Mark oder mit einer dieser Strafen wird bestraft:

1. wer zum Zweck der Täuschung im Handel und Verkehr eine der nach § 2 unzulässigen Mischungen herstellt;

2. wer in Ausübung eines Gewerbes wissentlich solche Mischungen verkauft oder feilhält.

§ 13.

Mit Geldstrafe von fünfzig bis zu einhundertfünfzig Mark oder mit Haft wird bestraft:

1. wer den Vorschriften des § 4 zuwider den Eintritt in die Räume, die Entnahme einer Probe oder die Revision verweigert;

2. wer die in Gemäßheit des § 5 von ihm erforderte Auskunft nicht ertheilt oder bei der Auskunftertheilung wissentlich unwahre Angaben macht.

§ 14.

Mit Geldstrafe bis zu einhundertfünfzig Mark oder mit Haft bis zu vier Wochen wird bestraft:

1. wer den Vorschriften des § 3 zuwiderhandelt,

2. wer bei der nach § 5 von ihm erforderten Auskunftertheilung aus Fahrlässigkeit unwahre Angaben macht.

§ 15.

Außer den Fällen der §§ 12 bis 14 werden Zuwiderhandlungen gegen die Vorschriften dieses Gesetzes sowie gegen die in Gemäßheit der §§ 9 und 10 Ziffer 1 ergehenden Bestimmungen des Bundesraths mit Geldstrafe bis zu einhundertfünfzig Mark oder mit Haft bestraft.

Im Wiederholungsfalle ist auf Geldstrafe bis zu sechshundert Mark, oder auf Haft, oder auf Gefängniß bis zu drei Monaten zu erkennen. Diese Bestimmung findet keine Anwendung, wenn seit dem Zeitpunkte, in welchem die für die frühere Zuwiderhandlung erkannte Strafe verbüßt oder erlassen ist, drei Jahre verflossen sind.

§ 16.

In den Fällen der §§ 12 und 15 kann neben der Strafe auf Einziehung der verbotswidrig hergestellten, verkauften oder feilgehaltenen Gegenstände erkannt werden, ohne Unterschied, ob sie dem Verurtheilten gehören oder nicht.

Ist die Verfolgung oder Verurtheilung einer bestimmten Person nicht ausführbar, so kann auf die Einziehung selbstständig erkannt werden.

§ 17.

Die Vorschriften des Gesetzes, betreffend den Verkehr mit Nahrungsmitteln, Genußmitteln und Gebrauchsgegenständen, vom 14. Mai 1879 (Reichs-Gesetzbl. S. 145) bleiben unberührt. Die Vorschriften in den §§ 16, 17 desselben finden auch bei Zuwiderhandlungen gegen die Vorschriften des gegenwärtigen Gesetzes Anwendung.

§ 18.

Das gegenwärtige Gesetz tritt am . . . . 1896 in Kraft. Mit diesem Zeitpunkte tritt das Gesetz vom 12. Juli 1887, betreffend den Verkehr mit Ersatzmitteln für Butter (Reichs-Gesetzbl. S. 375), außer Kraft.

Urkundlich ꝛc.

Gegeben ꝛc.